Johann Brandstetter, Elke Zippel

Miteinander

Haupt
NATUR

Johann Brandstetter

Elke Zippel

Miteinander

Das verborgene Zusammenleben in unserer heimischen Tier- und Pflanzenwelt

Haupt Verlag

Johann Brandstetter, Künstler und Illustrator, wurde schon mehrfach für seine Werke ausgezeichnet. Seit 2014 zählt er zu den «200 Best Illustrators Worldwide». Er ist spezialisiert auf Naturthemen. Das 2017 gemeinsam mit Josef H. Reichholf herausgegebene Werk «Symbiosen» wurde von Bild der Wissenschaft zum «Schönsten Wissensbuch 2017» ernannt.

Elke Zippel ist Kustodin der Dahlemer Saatgutbank am Botanischen Garten Berlin. Sie ist unter anderem für die Sammlung und Sicherung von Wildpflanzensamen sowie für Wiederansiedlungen seltener Pflanzenarten verantwortlich. Elke Zippel studierte an der Freien Universität Berlin Biologie mit den Schwerpunkten systematische Botanik und Zoologie, Geobotanik und Ökologie.

1. Auflage: 2022

ISBN 978-3-258-08297-4

Sämtliche Illustrationen von Johann Brandstetter
Gestaltung und Satz: pooldesign, CH-Zürich

Wir verwenden FSC®-zertifiziertes Papier. FSC® sichert die Nutzung der Wälder gemäß sozialen, ökonomischen und ökologischen Kriterien.
Gedruckt in Deutschland

MIX
Papier aus verantwortungsvollen Quellen
FSC® C004592

Diese Publikation ist in der Deutschen Nationalbibliografie verzeichnet.
Mehr Informationen dazu finden Sie unter http://dnb.dnb.de.

Der Haupt Verlag wird vom Bundesamt für Kultur für die Jahre 2021–2024 unterstützt.

Wir verlegen mit Freude und großem Engagement unsere Bücher. Daher freuen wir uns immer über Anregungen zum Programm und schätzen Hinweise auf Fehler im Buch, sollten uns welche unterlaufen sein. Falls Sie regelmäßig Informationen über die aktuellen Titel im Bereich Natur & Garten erhalten möchten, folgen Sie uns über Social Media oder bleiben Sie via Newsletter auf dem neuesten Stand.

www.haupt.ch

INHALT

VORWORT

Dem Detail nachzuspüren und gleichzeitig die Zusammenhänge im Blick zu haben, wissenschaftliche Präzision mit Lebendigkeit und Begeisterung zu paaren – das gelingt Johann Brandstetter in seinen lebendigen Zeichnungen heimischer Tier- und Pflanzenarten auf ganz besondere Weise. Angesichts seines über Jahre gewachsenen reichen Schatzes an Illustrationen entstand die Idee, eine Auswahl von Pflanzen, Tieren und Pilzen im Zusammenhang mit ihren jeweiligen Lebensräumen vorzustellen. Feldhamster, Spitz-Morchel, Rot-Buche, Karausche, Bärtierchen, Murmeltier oder Schopfige Teufelskralle: Sie alle sind eingebettet in ihren Lebensraum, mit mannigfaltigen und überaus komplexen Wechselwirkungen zu anderen Organismen und zur unbelebten Umwelt. Sie alle, ob auffällig, weit verbreitet und häufig oder selten und unscheinbar, übernehmen in ihren jeweiligen Ökosystemen eine über Jahrtausende fein austarierte Rolle.

Wir möchten die Leserschaft auf eine Reise durch unsere Kultur- und Naturlandschaft mitnehmen, bekannte Tiere, Pflanzen und Pilze neu betrachten, verborgen lebende Arten mit faszinierenden Eigenschaften entdecken und der Rolle einzelner Arten in ihrem Lebensraum mit ihrer Dynamik in Raum und Zeit nachspüren. Wir hoffen, damit nicht nur hier und da neue Zusammenhänge aufzuzeigen, sondern immer wieder aufs Neue Faszination und Begeisterung für die Raffinessen der Natur zu wecken. Denn beides, Wissen und Begeisterung, ist die Grundlage für die Bewältigung der größten Herausforderung seit Menschengedenken: der globalen Krise des Artensterbens, das auch vor unserer Haustüre nicht haltmacht. Dank jahrzehntelanger biologischer und ökologischer Forschung wissen wir, was zu tun ist. Es ist höchste Zeit, endlich zu handeln!

Jedes Buchprojekt ist ein Abenteuer. Wir danken Martin Lind und Gabriela Bortot vom Haupt Verlag für all ihre Unterstützung und Geduld.

Johann Brandstetter und Elke Zippel

In Feld und Flur –

der Acker

und das Drumherum

Gemeiner Grashüpfer · Chorthippus parallelus
Wollbiene
Anthidium manicatum
Hosenbiene · Dasypoda hirtipes
Blutzikade
Cercopis vulnerat
Neuntöter · Lanius collurio
Weinrose
Rosa rubiginosa

Dunkle Erdhummel · Bombus terrestris
Zebraspringspinne · Salticus scenicus

Blühende Landschaften statt Monokultur – Leben, das uns ernährt

Es ist lange her, rund 11 000 Jahre. Da begannen unsere als Jäger und Sammler bekannten Vorfahren, mit einfachen Werkzeugen Furchen in den Boden zu ziehen. Sie säten Samen nahrhafter Gräser und Hülsenfrüchte, um einige Wochen später ein Vielfaches der eingesäten Samen ernten zu können. Diese Geburtsstunden der ersten Äcker in Vorderasien kennzeichnen den Beginn der Jungsteinzeit, des Neolithikums, mit dem eine ganz neue Ära der Menschheit begann. Mit der sesshaften Lebensweise und der damit verbundenen Züchtung von Nahrungspflanzen und Nutztieren wurden das Sammeln von Früchten und die Jagd als Nahrungsquelle immer mehr in den Hintergrund gedrängt.

Mit unseren heutigen Feldern hatten die damaligen, eher größeren Beete denn Äcker nur wenig gemein. Die ertragsarmen Nutzpflanzen wuchsen zwischen den Wildpflanzen, deren Konkurrenz mit den damaligen primitiven Mitteln in reiner Handarbeit nur schwierig zu bekämpfen war. Doch dank des menschlichen Erfindergeistes wurde mit immer verbesserter Technik wie Pflug und Einsatz von Tieren aus diesen ersten Beeten ein neuer Lebensraum: mehr oder weniger großflächige, offene Felder, auf denen sich neben den eingesäten und immer ertragreicheren Nutzpflanzen Wildpflanzenarten etablierten, die wir heute als Ackerunkräuter kennen. Diese Wildpflanzenarten sind perfekt an den Lebensraum, dessen Boden mindestens einmal im Jahr umgebrochen wird, angepasst: Hier haben nur Arten eine Chance, die jedes Jahr von Neuem aus Samen heranwachsen, blühen und fruchten können. Zum Zeitpunkt der Ernte müssen die Ackerunkräuter ihren Lebenszyklus ebenfalls abgeschlossen haben.

Eines unserer häufigsten Ackerunkräuter ist das **Acker-Stiefmütterchen** *(Viola arvensis)*, das in Mitteleuropa weit verbreitet ist. Wie viele andere Ackerunkräuter ist es zusammen mit dem Ackerbau aus dem Mittelmeergebiet zu uns gekommen. Die kleinen Blüten der zarten Pflanze, deren Stängel bis zu 40 Zentimeter lang werden können, sind rein hellgelb, zuweilen sind die oberen Blütenblätter violett überlaufen. Am wohlsten fühlt sich das Acker-Stiefmütterchen auf Feldern mit Wintergetreide, denn die Samen keimen entweder zusammen mit dem Getreide im Herbst oder im zeitigen Frühjahr. Im Sommergetreide oder in Hackfruchtkulturen, also Feldern mit zum Beispiel Hülsenfrüchten oder Rüben, die erst im späten Frühjahr bestellt werden, können sich Acker-Stiefmütterchen nicht so gut entwickeln, weil die im Frühsommer schnell wachsenden Nutzpflanzen ihnen wenig Licht und Nährstoffe lassen. Anders sieht es in Maisäckern aus, die auch erst im Frühjahr bestellt werden: Mais-Samen haben eine lange Keimungsdauer, und ehe die Mais-Pflanzen den Boden dicht beschatten, kann das niedrigwüchsige Acker-Stiefmütterchen bereits hier und da blühen. Bis zur Fruchtreife braucht die anspruchslose und trockenresistente Art nur noch wenig Licht und profitiert so vom in Mitteleuropa immer noch zunehmenden Maisanbau. Wenn die Samen des Acker-Stiefmütterchens in der dreifächerigen Kapsel reif sind, ist nach nur wenigen Wochen der Lebenszyklus der Art abgeschlossen. Manche Fruchtkapseln öffnen sich allmählich und die Samen fallen einfach zu Boden. In anderen Kapseln herrscht aber ein solch großer Druck, dass bei einer leichten Berührung oder einem Windstoß die Kapsel aufspringt und die Samen fast 2,5 Meter fortgeschleudert werden.

Das Acker-Stiefmütterchen ist eine wichtige Pflanze für den **Kleinen Perlmuttfalter** *(Issoria lathonia)*, dessen Raupen sich ausschließlich von dieser Art ernähren. Die erwachsenen Falter besuchen die Blüten, sind aber weit weniger wählerisch als die Larvenstadien und saugen auch an verschiedenen anderen Blüten. Angesichts des massiven Einsatzes von Insektiziden wird der hübsche und einst häufige Schmetterling immer seltener und ist daher in einigen Regionen Mitteleuropas bereits eine gefährdete Art.

Neben niedrig wachsenden Arten wie dem Acker-Stiefmütterchen gibt es eine Reihe von Ackerunkräutern, die mit der Feldfrucht zusammen in die Höhe wachsen. Ihre Samen, zum Beispiel die des Sommer-Adonisröschens *(Adonis aestivalis)*, des Feld-Rittersporns *(Consolida regalis)* oder des Klatsch-Mohns *(Papaver rhoeas)* landeten früher im gedroschenen Getreide und wurden mit ihm zusammen wieder auf den Acker gebracht. Oder in die Mühle, wo die Unkrautsamen mit dem Getreide vermahlen wurden, das Mehl verunreinigten und somit minderwertig machten.

Wer sich einmal klargemacht hat, was es für die Menschen damals bedeutete, wenn in einem Getreidesack mehr Unkraut- als Getreidesamen steckten, wird sich auch nicht mehr am Begriff «Unkraut» stören. Viele Unkrautsamen im gedroschenen Getreide bedeutete aufwendige manuelle Reinigung, Hunger, zuweilen sogar Vergiftungen oder schlimmstenfalls Tod. Dann nämlich, wenn das Getreide mit hochgiftigen Samen wie denen der **Kornrade** *(Agrostemma githago)* verunreinigt war. Die Samen dieses Nelkengewächses aus dem Erntegut zu entfernen, war in früheren Zeiten extrem schwierig, denn sie ähneln in Größe und Gewicht den Getreidekörnern und konnten daher mit einfacher Technik nicht vom Getreide getrennt werden.

Erschwerend kam hinzu, dass die Kornrade mit der verbesserten Saatgutreinigung stets Schritt hielt. Die Samen der Kornrade wurden im Lauf der Zeit größer und schwerer und konnten immer schwieriger aus dem Getreide entfernt werden. Oder, genauer gesagt: Mit der verbesserten Saatgutreinigung konnten kleine und leichte Kornraden-Samen gut entfernt werden, während große und schwere Samen im Saatgut blieben und wieder auf den Acker ausgesät wurden.

Gegen die moderne Saatgutreinigung hat die Kornrade aber keine Chance. Sie ist wie das Adonisröschen auf den mitteleuropäischen Äckern sehr selten geworden und vielerorts ausgestorben oder vom Aussterben bedroht. Im Garten kann man der attraktiven Art, die durch Tagfalter bestäubt wird und mit ihren tief reichenden Wurzeln den Boden lockert, eine neue Heimat geben. Ihre Samen gibt es inzwischen praktisch überall dort, wo Sämereien angeboten werden, zu kaufen.

Durch den technischen Fortschritt ist die Saatgutreinigung inzwischen derart perfektioniert, dass Nahrung und Saatgut durch Ackerunkraut-Samen nicht oder nur minimal verunreinigt sind. Aber auch noch heute gelangen Unkrautsamen mühelos von einem Feld zum anderen: mit Erde, die im Profil der Traktorenreifen oder an großen und kleinen landwirtschaftlichen Maschinen haftet.

So kann der **Acker-Rittersporn** *(Consolida regalis)*, der mit dem Ackerbau aus dem Vorderen Orient kam, auch noch heute trotz perfekter Saatgutreinigung von einem Feld auf das nächste gelangen. Der durch Alkaloide leicht giftige Feld-Rittersporn ist zwar seltener geworden, aber noch hier und da auf kalk- oder zumindest basenreichen Äckern in warmen Gebieten zu finden. Inzwischen ist er als Zierpflanze beliebt und bietet sich als blühfreudiger Lückenfüller im Stauden- und im Gemüsebeet an.

Feldrittersporn
Consolida regalis
Rittersporn-Eule
Periphanes delphini

Es lohnt sich, die kleinen schwarzen Samen der Ackerunkräuter genauer zu betrachten. Unter einer starken Lupe werden wunderschöne Strukturen sichtbar. So haben Mohn-Samen feine Runzeln und die Samen des Feld-Rittersporns dicht stehende, kräftige und glänzende Schuppen, mit denen sie an der Erde oder vielleicht auch im Fell eines Tieres haften bleiben, nachdem sie aus ihren Früchten gefallen sind.

Rittersporn-Samen keimen zu einem Teil im Herbst. Ab Oktober sind die Rosetten mit den fein zerschlitzten Blättern zu finden, die auch niedrige Temperaturen recht unbeschadet überstehen können. Ein anderer Teil der Samen keimt im Frühjahr. Eine gute Strategie, denn die zeitige Keimung im Herbst gibt den Jungpflanzen einen Wachstumsvorschub, sodass die Pflanzen nach dem Winter gleich in die Höhe wachsen können. Sollte der Winter doch zu streng gewesen sein und die Herbstkeimlinge vernichtet haben, sorgen die im Frühjahr auflaufenden Keimlinge für den Fortbestand der Population.

Die Blütezeit des Acker-Rittersporns ist lang. Sie beginnt im Juni und kann bis zum Frost andauern. Die zarten Blüten werden vor allem von Hummeln aufgesucht, deren Rüssel lang genug ist, um an den im langen Sporn der Nektarblätter befindlichen Nektar gelangen zu können. Es sind meistens langrüsselige Hummeln, die bequem durch den weiten Eingang in die Blüte krabbeln können, allen voran die Garten-Hummel *(Bombus hortorum)*. Auch Schmetterlinge können mit ihrem langen Rüssel bequem an den Nektar gelangen, bestäuben aber nicht die Blüte. Kurzrüsselige Wildbienen wie Erdhummeln oder Wollbienen sind zuweilen Nektardiebe und beißen mit kräftigen Mundwerkzeugen kurzerhand ein Loch in den Sporn, um an den Nektar zu gelangen.

Auf Kalkäckern in warmen Lagen kann man zuweilen eine andere floristische Besonderheit entdecken, die **Acker-Haftdolde** *(Caucalis platycarpos)*. Der Doldenblütler, verwandt mit Möhre, Pastinake, Fenchel und Anis, ist wahrscheinlich vor mindestens 1000 Jahren aus dem Mittelmeergebiet zu uns gewandert. Während seine Blüten eher unscheinbar und zart sind, sind die etwa einen Zentimeter langen Früchte des inzwischen seltenen Ackerunkrautes recht auffällig, vor allem dann, wenn sie an Socken oder Hosen des Wanderers hängen geblieben sind: Sie sind über und über mit kräftigen Widerhaken besetzt.

Ebenfalls auf Kalk- oder zumindest auf basenreichen Äckern fühlt sich der **Klatsch-Mohn** *(Papaver rhoeas)* wohl. Mohn-Blüten produzieren keinen Nektar. Sie sind Pollenblumen, das heißt, sie locken Bestäuber mit einem reichen Angebot dieser eiweißreichen Kost. Die beste Gelegenheit, das geschäftige Treiben der Wild- und Honigbienen, Schwebfliegen, Käfer und vieler anderer Insektengruppen an den Blüten zu beobachten, ist der Morgen, wenn sich die Blüten gerade geöffnet haben. Je sonniger der Sommermorgen

Staubblatt
Samenkapsel
von oben
Samenkorn
Samenkapsel
Knospe
Blatt
Klatsch - Mohn
(Papaver rhoeas)

und je dichter der Mohn am Feldrand oder im heimischen Garten steht, desto dichter und lauter ist das morgendliche Gesumme und Gebrumme, bis schließlich aller Pollen weggesammelt ist. Angelockt werden Bienen durch eine besondere Eigenschaft der Blütenblätter, die wir mit unseren Sinnen nicht wahrnehmen können: der Reflexion ultravioletter Strahlung. Im Fall des Klatsch-Mohns ist das auf dem gesamten Blütenblatt der Fall – die Klatsch-Mohn-Blüte ist also für das Bienenauge ultraviolett. Andere bienenbestäubte Blüten haben lediglich sogenannte UV-Male, die den Bienen den Weg zum Nektar weisen. Unter einer UV-Lampe werden sie auch für das menschliche Auge sichtbar.

Die einzelne Klatsch-Mohn-Blüte ist mit nur ein bis drei Tagen recht kurzlebig. Aber die Pflanze bildet ständig neue Blüten nach, und so finden wir zugleich Knospen, Blüten und Früchte an einer einzigen Pflanze. Bis zu 5000 winzige ölhaltige Samen reifen in einer zylindrischen Kapsel, die mit einem runden Deckel verschlossen ist. Bei Trockenheit werden, wenn sich die Kapsel im Wind bewegt oder ein Tier daran stößt, die reifen Samen gleichmäßig nach und nach aus feinen Poren, die sich unter dem Deckel befinden, ausgestreut. Diese raffinierte Technik veranlasste den Naturphilosophen, Botaniker und Mikrobiologen Raoul H. Francé, einen Salzstreuer zu konstruieren, der auf dem gleichen Prinzip beruht. Diese Erfindung, auf die Francé ein Patent anmeldete, gehört zu den Pionierleistungen der Bionik – also der Wissenschaft, die Strukturen von Pflanzen und Tieren untersucht und in technische Konstruktionen übersetzt.

Die Samen des Klatsch-Mohns können im Boden unter guten Bedingungen mindestens 150 Jahre am Leben bleiben. Für die Keimung benötigen sie unbedingt Licht. So kann es geschehen, dass sich eine Brache, auf der lange kein Klatsch-Mohn gewachsen ist, nach einem Bodenumbruch in wenigen Wochen in ein Mohnfeld verwandelt. Aber auch sonst ist der Klatsch-Mohn bei uns nicht selten. Leuchtend rote Getreidefelder in der Landschaft zeugen von seiner Widerstandskraft: Er gehört wie das Acker-Stiefmütterchen zu den Arten, die eine vergleichsweise hohe Resistenz gegenüber gängigen Ackerunkraut-Vernichtungsmitteln zeigen und es schaffen, sich trotz immer neuer Herbizide in der industriellen Landwirtschaft zu behaupten.

Auf manchem biologisch bewirtschafteten Acker steht der Klatsch-Mohn natürlich auch. Doch hier, wo Ackerunkräuter mechanisch und nicht chemisch bekämpft werden, wird er selten so dominant, denn er muss sich seinen Platz mit anderen Unkrautarten teilen. So sorgen auf Bioäckern viele seltene Ackerunkräuter mit ihrer Vielfalt nicht nur für einen bunt blühenden Acker, sondern verbessern die Bodenfruchtbarkeit und bieten vielen Insekten und anderen Tieren ein Zuhause. In einem Acker, auf dem nicht gespritzt und die Bodenbearbeitung reduziert wird, leben viele Nützlinge: Schlupfwespen legen ihre Eier in die Larven von Schädlingen, Wildbienen und Schmetterlinge sind wichtige Bestäuber, Spinnen und Laufkäfer wichtige Fressfeinde diverser Schädlinge. Wie zahlreiche wissenschaftliche Untersuchungen belegen, trägt eine hohe biologische Vielfalt mit zahlreichen Pflanzen- und Tierarten zu einem biologischen Gleichgewicht auf dem Acker und zur Bodenverbesserung bei, ohne den Ertrag zu gefährden.

Zu den gefräßigen Nützlingen auf dem Feld zählt der wunderschöne, goldgrün glänzende **Gold-Laufkäfer** *(Carabus auratus)*, der in Mittel- und Westeuropa heimisch ist und hier vor allem in wärmeren Regionen auf Äckern, an lichten Waldrändern und in offenen, trockenen Triften lebt. Weil er relativ häufig sowie leicht zu fangen und zu bestimmen ist, dient er Wissenschaftlern als Indikatorart, mit deren Vorkommen und vor allem Menge sich Aussagen über die Qualität eines Lebensraumes treffen lassen. Hohe Dichten des Gold-Laufkäfers sind ein Indikator für großflächige, gesunde, artenreiche und nicht oder wenig mit Pestiziden gespritzte Äcker.

Sowohl die Larven des Gold-Laufkäfers als auch die erwachsenen Tiere sind geschickte Räuber. Sie erbeuten Schnecken, Raupen, Larven anderer Käfer wie Kartoffelkäferlarven, verschiedene Würmer und andere Insekten, verschmähen aber auch Aas und Pilze nicht. Zuweilen sind ihre Beutetiere größer als sie selbst, aber dank ihrer Mundwerkzeuge, den kräftigen Mandibeln, können sie ordentlich zubeißen. In die Beutetiere stoßen sie, wie alle Laufkäfer, einen Verdauungssaft aus, der die Beute vorverdaut. Erst wenn die Beute sich verflüssigt, kann der Laufkäfer die Nahrung aufsaugen und innerhalb seines Verdauungstraktes weiterverdauen.

Wie der Name schon vermuten lässt, ist der Gold-Laufkäfer – wie fast alle Arten der über 40 000 Arten umfassenden Familie der Laufkäfer (Carabidae) – ein hervorragender Läufer, der weite Strecken zurücklegen kann. Im Gegensatz zu den meisten seiner nachtaktiven und meistens schwarz gefärbten Verwandten ist er auch tagsüber unterwegs, kann aber nicht fliegen. Seiner weiten Verbreitung in Zentraleuropa bis nach Polen tut das dank seiner flotten Beine keinen Abbruch – Gewässer werden schwimmend überwunden. Der Mensch hat durch Einschleppung nach Nordeuropa, Nordamerika und Indien das Areal der Art erweitert.

Nichts mehr zu hamstern – rare Feldbewohner

Dort, wo sich auf weiten und extensiv bewirtschafteten Feldern nicht nur viele Insektenarten wie der Gold-Laufkäfer wohlfühlen, sondern auch eine artenreiche Ackerunkraut-Flora wächst, kann man mit viel Glück ein Tier beobachten, das innerhalb nur eines halben Jahrhunderts von einem massiv bekämpften Schädling zu einer vom Aussterben bedrohten Art wurde: den **Feldhamster** *(Cricetus cricetus)*. Noch in den 1950er-Jahren wurden allein in Sachsen-Anhalt, einem mitteleuropäischen Verbreitungszentrum der Art, über 15 Millionen Hamsterfelle bei staatlichen Stellen abgeliefert. Kürschner, deren Handwerk im Harz und im Harzvorland eine jahrhundertealte Tradition hatte, verarbeiteten die Felle, die für Kleidung und Accessoires genutzt wurden. Inzwischen stuft die IUCN, die International Union for Conservation of Nature, den europaweit streng geschützten Feldhamster als weltweit vom Aussterben bedroht ein. Nicht nur in Mitteleuropa, dem westlichen Arealrand der Art, sondern auch im gesamten Verbreitungsgebiet, dass sich über Osteuropa, den Altai bis in den Nordwesten Chinas erstreckt, ist die Art rückläufig.

Der Feldhamster, ein bis 35 Zentimeter langes, kräftiges Tier, ist nach den Kaltzeiten aus den Steppengebieten Osteuropas zu uns gewandert. Er lebt in offenen Habitaten auf Löß- und Lehmböden, wo er dank seiner kräftigen Krallen an Vorder- und Hinterfüßen seine bis zwei Meter tiefen Bauten errichten kann. Seine bevorzugten Habitate sind Getreidefelder auf schweren Böden. Gelegentlich dringt er auch in urbane Gebiete ein und kann auf Friedhöfen oder in Parks beobachtet werden.

Im Sommer lebt der Feldhamster einen Meter tief unter der Erde und füllt seine Vorratskammern mit Nahrung auf, die er in seinen berühmten dehnbaren Hamsterbacken transportiert. Rund 1,5 bis 2 Kilogramm Futter benötigt er, um über den Winter zu kommen. Sicherheitshalber hamstert er aber lieber mehr, bis zu fünf Kilogramm Getreide wurden schon in Hamsterbauten gefunden. Als Nahrung dienen ihm neben Getreide andere Gräsersamen, diverse Früchte, Kräuter und kleine wirbellose Tiere. Seine Vorratskammern sind geschickt angelegt: kühl, trocken und gut durchlüftet, damit nichts verschimmelt. Im Winter zieht er sich in die tieferen Kammern seines Baus zurück, wo er vor zu kalten Temperaturen geschützt ist. Gelegentlich wacht er aus seinem Winterschlaf auf, um zu fressen und die abgelegene Hamstertoilette aufzusuchen.

Hamster sind Einzelgänger und treffen nur zur Paarung aufeinander. Die Weibchen ziehen ein- oder zweimal im Jahr nach knapp drei Wochen Tragzeit rund vier Jungtiere auf. Vor etwa 100 Jahren lagen diese Zahlen um ein Vielfaches höher: Bei zwei bis drei Würfen pro Jahr zog ein Hamsterweibchen pro Wurf durchschnittlich zehn Jungtiere groß. Die wahrscheinlich vielfältigen Gründe für die abnehmende Reproduktion wie auch für den massiven Rückgang sind nicht im Einzelnen geklärt. Monokulturen bekommen ihm nicht gut, eine einseitige Ernährung allein mit Getreide führt beim Feldhamster zu Vitaminmangel. Eine tiefe und häufige Bodenbearbeitung zerstört die Hamsterbauten, die immer zeitigere und komplette Ernte ganzer Felder überlässt dem Hamster kein einziges Getreidekorn und nimmt ihm auf dem gemähten Feld jegliche Deckung vor Greifvögeln.

Um dem Aussterben des possierlichen Nagers entgegenzutreten, gibt es inzwischen Feldhamster-Schutzprogramme, in denen in enger Zusammenarbeit mit Landwirten versucht wird, verbliebene Feldhamsterpopulationen zu erhalten und neue zu begründen. Werden kleine Bereiche des Ackers nicht gemäht und gibt es angrenzende breite Blühstreifen, findet der Hamster auch nach der Ernte noch Nahrung und Deckung.

Die Anlage eines Blühstreifens muss wohl bedacht und geplant sein. Mit einer Mischung aus schnellwüchsigen Stauden und Kräutern, billig im Baumarkt gekauft, hat man vielleicht einen bunt blühenden Feldsaum, wird aber mehr Schaden als Nutzen anrichten. Häufig sind in diesen Mischungen gefüllte Blumensorten, die zwar optisch was hermachen, aber Insekten keinerlei Nahrung bieten und allenfalls im Blumenstrauß ihren Wert haben. Eine große Gefahr geht von der Verwendung nicht heimischer Pflanzenarten aus, die sich als invasive Arten in unserer Landschaft unkontrolliert vermehren können. Geeignet für die Anlage von Blühstreifen sind ausschließlich heimische Pflanzenarten aus regionaler Herkunft, die an lokale Standortbedingungen angepasst und gleichzeitig eine wertvolle Nahrungsquelle für Tiere sind – vom Feldhamster bis zur Wildbiene. Inzwischen gibt es zertifizierte Gärtnereien, die solche Mischungen als «Regiosaatgut» anbieten und damit einen wichtigen Beitrag zum Schutz der biologischen Vielfalt, insbesondere der genetischen Vielfalt der heimischen Pflanzenwelt leisten.

Von solchen Maßnahmen, die wenig kosten und einfach durchzuführen sind, profitiert nicht nur der Feldhamster, sondern auch viele andere Tierarten wie das **Rebhuhn** *(Perdix perdix)*, das ähnlich dem Hamster innerhalb kürzester Zeit in Europa von einer häufigen zu einer stark gefährdeten Art wurde. In vielen Regionen und einigen Ländern wie der Schweiz ist es bereits ausgestorben. Das Rebhuhn ist ebenfalls ein Steppentier, das in der offenen und kleinräumig strukturierten Kulturlandschaft Mitteleuropas optimale Lebensbedingungen hatte: Einst fand der tag- und dämmerungsaktive und gut getarnte Hühnervogel auf unseren Feldern und Wiesen ausreichend Samen, Kräuter, Früchte und Insekten, Waldsäume und Gebüsche boten ihm Versteckmöglichkeiten und Brutplätze. In einer von Monokulturen geprägten Landschaft, die mehr Agrarwüste denn Lebensraum ist, ist das aber nicht mehr der Fall. So wird sich das Rebhuhn, das als Kulturfolger zu uns kam, wieder in die östlichen Steppen seines Verbreitungsgebietes zurückziehen, das sich östlich bis nach Pakistan und Westsibirien erstreckt. Vielleicht werden aber auch Schutzbemühungen bei uns Erfolg haben. Daran haben nicht nur Artenschützer, sondern auch Jäger Interesse – schließlich ist das Rebhuhn wegen seines zarten Fleisches ein begehrtes Jagdwild.

Auch Tiere kennen Pandemien

Auch ein anderes Tier ist in der mitteleuropäischen Landschaft kaum noch zu beobachten, das **Wildkaninchen** *(Oryctolagus cuniculus)*. Der Mensch hatte es einst aus dem südwestlichen Europa nach Mitteleuropa gebracht. Das in Kolonien lebende Tier baut in lockeren Böden tiefe und lange Gänge. Die sprichwörtliche rasante Vermehrung beruht auf der Tatsache, dass Kaninchenweibchen während der Paarungszeit rund sechsmal trächtig werden können. Die Jungtiere, fünf bis sechs pro Wurf, werden nach vier Wochen Tragzeit geboren und schon mit vier Wochen entwöhnt. Das Wildkaninchen, vom Menschen in verschiedene Regionen der Welt gebracht, ist vielerorts zu einer Problemart geworden. Dort, wo Fressfeinde wie Fuchs, Marder, Luchs, Wiesel oder Greifvögel fehlen, kann es die heimische Flora und Fauna erheblich schädigen.

Inzwischen wurden die Wildkaninchen in vielen Regionen durch zwei Viruserkrankungen, die Myxomatose und die sogenannte Chinaseuche, verursacht durch ein Calicivirus, dezimiert und in Mitteleuropa weitgehend ausgerottet. In Australien wurde das Calicivirus zunächst erfolgreich zur Eindämmung der Kaninchenplage eingesetzt. Inzwischen sind jedoch die meisten Kaninchen immun – das Kaninchen wird sich also bis zur nächsten Seuche wieder ausbreiten können.

Hotspots der Kulturlandschaft: Feldwege und Hecken

Im Frühjahr bleibt auf dem Weg durch Getreidefelder, Rüben- und Kartoffeläcker der Blick immer wieder an blühenden Büschen und Sträuchern hängen. In einer gewachsenen traditionellen Kulturlandschaft, die durch Flurbereinigung nicht «aufgeräumt» wurde, begleiten den Wanderer dichte Hecken, lichte Feldgehölze, Lesesteinhaufen und hier und da Baumstubben, Totholzhaufen oder Böschungen. Mit den ersten warmen Sonnenstrahlen erwacht diese strukturreiche Landschaft zum Leben.

Zu den ersten blühenden Bäumen zählt die **Vogel-Kirsche** *(Prunus avium)*. Dieser 20 bis 30 Meter hohe Wildbaum, dessen wertvolles Holz für den Möbel- und Instrumentenbau verwendet wird und der die Stammart unserer Süßkirschen ist, zählt zur großen Gattung *Prunus*, zu der unter anderem auch sämtliche Pflaumen-Sorten gehören. Die Nutzung der Vogel-Kirsche als Obstbaum ist durch Funde aus der Bronzezeit belegt. Ihre Früchte sind kleine, rote Kirschen, die gerne von Vögeln gefressen werden. Die für Vögel unverdaulichen Kerne werden wieder ausgeschieden und dadurch ausgebreitet.

Das natürliche Verbreitungsgebiet der Art erstreckt sich über Europa bis in das westliche Russland und den Kaukasus. Ortsnamen wie Kehrsiten am Vierwaldstättersee in der Schweiz oder der antiken griechischen Stadt Kerasous am Schwarzen Meer, heute das türkische Giresun, zeugen jeweils von den dort ehemals vorkommenden Vogelkirschenwäldern.

Die Kerne selbst, die rund ein Drittel Fett enthalten, sind beliebtes Futter für Nagetiere. Eichhörnchen, Feld- und Hausmäuse legen mit den Kernen Vorratslager für den Winter an. Mancher Vorrat wird nicht gefressen, so tragen auch kleine Säuger zur Ausbreitung der Vogel-Kirsche bei.

Kirsche · Prunus avium
Nektarien

Aber auch unter den Singvögeln gibt es eine Art, die es nicht auf das saftig-süße Fruchtfleisch, sondern auf die nahrhaften Kerne der Vogel-Kirsche abgesehen hat. Der **Kernbeißer** *(Coccothraustes coccothraustes)* ist in der Lage, mit seinem kräftigen Schnabel Kirschkerne zu knacken. Zu seiner weiteren Nahrung gehören Insekten, Regenwürmer, Spinnen und andere wirbellose Tiere, Früchte, Samen sowie Knospen und junge Triebe von Bäumen und Sträuchern.

Die schwach nach Honig duftenden, weißen Blüten der Vogel-Kirsche werden von Hummeln, Wild- und Honigbienen aufgesucht, die nicht nur den Nektar, sondern auch Pollen sammeln – und das überaus gründlich. Auf dem Pelz einer Biene wurden über eine Million Vogelkirschen-Pollenkörner gezählt! Bienen wie Hummeln gewährleisten damit nicht nur die in der Gattung *Prunus* notwendige Fremdbestäubung, sondern sichern sich und ihrer Brut mit der eiweiß- und mineralstoffreichen Nahrung genügend Futter. Doch es lohnt sich, nicht nur das Gewusel der Bestäuber an der Blüte zu beobachten, sondern auch einen tieferen Blick auf die Knospen zu werfen, wo spezielle Nektardrüsen einen süßen, glänzenden Zuckersaft produzieren. Hier tummeln sich gerne Ameisen. Untersuchungen legen den Schluss nahe, dass der Baum davon profitiert, denn die Ameisen, erst einmal mit der Süßspeise auf den Baum gelockt, tun sich nicht nur am Zuckersaft gütlich. Sie machen auch Jagd auf junge Raupen und erweisen sich damit als wirksame Schädlingsvernichter.

In Hecken und Gebüschsäumen ist der Tisch für einen attraktiven Vogel, der sich durch ein recht ungewöhnliches Verhalten auszeichnet, reich gedeckt. Es ist der **Neuntöter** *(Lanius collurio)*, der seine Beute – größere Insekten, vor allem Käfer und Raupen, aber auch kleine Reptilien oder verschiedene Mäuse – auf die Dornen verschiedener Sträucher aufspießt. Das hilft ihm zum einen, seine Beute zu zerkleinern und Insekten von Flügeln, Beinen, Fühlern und Stacheln zu befreien, wofür der hakenförmig gebogene Schnabel ein geeignetes Werkzeug ist. Zum anderen kann er so ein wenig Vorratshaltung betreiben und seinen Nahrungsbedarf auch während längerer Schlechtwetterperioden, wenn nur wenig Insekten unterwegs sind, sichern. Vor dem Fressen würgt er unverdauliche Bestandteile der letzten Mahlzeit wieder aus. Dieses Verhalten hat der ganzen Gruppe der Würger ihren Namen gegeben.

Der Neuntöter kommt Ende April bis Anfang Mai entlang des Roten Meeres aus dem südlichen Afrika zu uns. Im Gegensatz zu vielen anderen Zugvögeln hat er die Strecke nicht im Verbund mit Artgenossen, sondern alleine zurückgelegt. Er ist leicht zu beobachten, wenn er sich auf seinem Ansitz in Baumkronen, auf Zaunpfählen oder exponierten Sträuchern sonnt und nach Beute Ausschau hält. Die Männchen tragen ein auffälliges Gefieder, das sich durch einen rotbraunen Rücken, eine hellrosa Unterseite, einen

Kernbeißer
Coccothraustes coccothraustes
Der Kernbeißer ist ein bunter Vogel in der Größe zwischen einem Sperling und einem Star. Der Schnabel ist klobig und sehr kräftig. Er kommt in Laub- und Mischwäldern vor und sogar Parks und Gärten in Stadtnähe werden aufgesucht. Der Kernbeißer bringt mit seinem Schnabel die Kraft auf, auch die Steinkerne von Kirschen und Pflaumen zu knacken. Meist ernährt er sich von den Samen des Ahorns und der Hainbuche.
2012

schwarz-weißen Schwanz und einen markanten schwarzen Augenstreif auf dem graublauen Kopf mit heller Kehle auszeichnet. Die Weibchen hingegen sind überwiegend unscheinbar und nur auf der Unterseite etwas lebhafter hellgrau-braun gefärbt. Die Tarnfarbe schützt sie beim Brüten im Dickicht von Dornensträuchern, währenddessen das Männchen für die Versorgung der wachsenden Familie zuständig ist. Entweder bringt es die Beute direkt zum Nest oder spießt sie in der Nähe auf, wo sich das Weibchen und später auch die Jungvögel bedienen können. Nach rund zwei Wochen schlüpfen die Küken und werden anschließend von beiden Eltern noch einige Zeit gefüttert, bis sie das Nest verlassen.

Der Neuntöter zieht ab Ende August über das Mittelmeergebiet zurück in sein Winterquartier, nimmt also einen anderen Weg als im Frühjahr. Zunächst ziehen die Altvögel, ein bis zwei Wochen später folgen die Jungvögel.

Auch der Neuntöter ist ein Kulturfolger, der in der traditionellen Kulturlandschaft Mitteleuropas hervorragende Lebensbedingungen gefunden hat. Mit dem großflächigen Einsatz von Insektenvernichtungsmitteln und der Flurbereinigung, der zahlreiche Hecken und Säume zum Opfer fielen, gingen die Bestände des Neuntöters zurück. Nur regional ist zu beobachten, dass sich die Bestände etwas erholen, nämlich dort, wo wenig ertragreiches Land aus der Bewirtschaftung fällt. Hier setzt die Sukzession ein, also der natürliche Prozess der Wiederbewaldung, der in der Regel mit dem Aufkommen von Sträuchern und Pionierbaumarten beginnt und gute Lebensbedingungen für den Neuntöter schafft. Wenn die Sukzession aber weiter fortschreitet – und das geschieht innerhalb weniger Jahre, wenn die Sträucher und aufkommenden Jungbäume nicht abgeholzt oder durch Brände vernichtet werden –, entwickelt sich bald ein Wald, in dem der Neuntöter nicht überleben kann.

Nach ausgiebiger Beobachtung des Neuntöters lohnt ein Blick Richtung Boden. Besonders auffällig ist trotz des niedrigen Wuchses der **Kriechende Günsel** *(Ajuga reptans)*, denn seine Blüten strahlen mit dem Blau des Frühlingshimmels um die Wette. Sie werden durch langrüsselige Hummeln und Bienen bestäubt.

Die Gattung *Ajuga* gehört zu den Lippenblütlern. Kennzeichnend für diese große Pflanzenfamilie sind die fünfzähligen Blüten, deren obere zwei und untere drei Kronblätter miteinander verwachsen sind und eine Ober- und eine Unterlippe bilden. Die Unterlippe dient den bestäubenden Insekten als Landeplatz. Bei den Günsel-Arten ist die Oberlippe arg klein geraten, daher ist diese Gattung auch für den Anfänger leicht zu bestimmen. Die übrigen Merkmale der Gattung *Ajuga* sind typisch für alle Lippenblütler: Die Blätter sind kreuzgegenständig, das heißt, jeweils zwei Blätter stehen sich am vierkantigen Stängel gegenüber und die Blattpaare stehen, von oben betrachtet, stets über Kreuz. Die kleinen, schwarzen Früchte sind sogenannte Klausen. Es sind Teilfrüchte, vier Stück, in denen sich jeweils ein Samen befindet. Die Samen haben wie viele Lippenblütler-Samen ein ölhaltiges Anhängsel, ein Elaiosom. Ameisen schätzen diesen Ölkörper als energiereiche Nahrung und schleppen die Samen in ihren Bau. Weil sie auf dem Weg dorthin den einen oder anderen Samen verlieren, tragen sie zur Ausbreitung des Kriechenden Günsels bei, der auf nährstoffreichen, frischen und feuchten Wiesen und Weiden, in Heiden, lichten Wäldern im Tiefland und im Mittelgebirge eine weit verbreitete und meist häufige Art ist.

Zahlreiche beliebte Gartenpflanzen gehören zu den Lippenblütlern, wie bekannte Arten der Gattungen Lavendel *(Lavandula)* und Salbei *(Salvia)*. Sie sorgen dafür, dass sich die **Große** oder **Garten-Wollbiene** *(Anthidium manicatum)* in unseren Gärten wohlfühlt, denn sie sucht gerne ihre Blüten auf. Es sind vor allem die Weibchen, die auf der Suche nach Nektar und Pollen umherfliegen. Die Männchen beziehen feste Reviere, stets um blühende Stauden ihrer Nektarpflanzen. Fliegt ein anderes Männchen oder auch einfach ein anderes Tier ins Revier ein, wird es umgehend attackiert, indem das Wollbienen-Männchen auf den Eindringling zusaust, sich direkt vor seinem Hinterleib nach vorne krümmt und versucht, ihm seine fünf scharfen Dornen in den Körper zu rammen. Das kann für den Eindringling durchaus tödliche Folgen haben.

Selbstverständlich reagiert das Wollbienen-Männchen ganz anders, sobald in seinem Revier ein Wollbienen-Weibchen auftaucht und sich zum Nektarsaugen auf einer Blüte niederlässt. Dann schaltet es vom Angriffs- sofort in den Hochzeitsmodus, bleibt im Schwirrflug kurz vor dem Weibchen stehen, setzt sich nieder und begattet es in wenigen Sekunden. Die Weibchen sind allein für den Nestbau zuständig und suchen geeignete Spalten oder Löcher in morschem Holz, in Mauerfugen oder im Boden. Dort bauen sie für die Larven eine kleine Vorratskammer mit Pollen und Nektar, legen ein Ei hinzu und verschließen den Eingang dicht mit weichen, pflanzlichen Fasern, die sie von verschiedenen behaarten Pflanzenarten abschaben. Durch dieses Sammeln von pflanzlicher «Wolle» ist die Wollbiene zu ihrem Namen gekommen.

Gelegentlich kann man im Garten eine ungewöhnliche Angewohnheit der Wollbienen beobachten: An schönen, warmen Hochsommerabenden beißen sich die Tiere mit ihren kräftigen Mundwerkzeugen, den Mandibeln, an einer Pflanze fest, um dort schlafend die Nacht zu verbringen. Sobald es allerdings kühler und feuchter ist, zieht die Wollbiene eine geschützte kleine Erdspalte, Holz- oder Mauerfuge der Outdoor-Übernachtung unter freiem Himmel vor.

Zu den typischen Sträuchern, die sich in fast jeder Hecke finden, zählen Rosen. In Mitteleuropa sind rund 40 Wildrosen-Arten bekannt, die im Gegensatz zu den beliebten Zuchtrosen der Gärten stets ungefüllte Blüten haben. Wildrosen sind teils nur schwierig zu unterscheiden und bergen so manches Rätsel. So bekannt die Rosen als solche sind, so unbekannt ist der Vererbungsmodus der Wildrosen-Merkmale. Wildrosen können sich untereinander kreuzen und ihre Nachkommen als Hybridschwärme mit unterschiedlichen Merkmalskombinationen den Botanik-Studenten das Leben schwer machen.

Zu den häufigsten und vergleichsweise einfach zu erkennenden Wildrosen zählt die **Hunds-Rose** *(Rosa canina)*. Der drei bis vier Meter hohe, sommergrüne Strauch hat nektarlose und pollenreiche hellrosa Blüten, die sich von Mai bis Juli öffnen. Sie werden von vielen verschiedenen Insektenarten wie kurzrüsseligen Bienen, Schwebfliegen, Käfern und Fliegen aufgesucht. Die zahlreichen Stacheln der Rose sind hakig gekrümmt und dienen als Kletterhilfe und als Schutz. Wie bei allen Rosen ist die Frucht der Hunds-Rose eine Hagebutte, also eine Sammelnussfrucht, deren Nussfrüchte von einem zur Reife rotfleischigen Fruchtbecher umwachsen sind. Die Vitamin-C-reichen Hagebutten dienen Vögeln und Säugern als Nahrung. Die Tiere scheiden die unverdaulichen Kerne aus, oder sie verstecken und vergessen die Früchte und tragen so zur Ausbreitung der Rose bei.

Nicht nur Hecken säumen den Weg, er führt auch entlang steiler Böschungen, kleiner Mauern, Lesesteinhaufen, Baumstubben oder Asthaufen. Kommen wir näher, huschen Eidechsen davon und flitzen ins nächste Versteck. Wer schnell genug ist oder geduldig genug, um zu warten, bis sich die Eidechsen wieder heraustrauen, kann ein in Mitteleuropa sehr seltenes Tier beobachten, eine Smaragdeidechse. Es sind recht große, grüne Tiere, die in ihrem Paarungskleid, nach der ersten Häutung nach dem Winter, um den Hals herum und an der Kehle kräftig blaugrün oder blau gefärbt sind. Jungtiere sind schlicht braun gefärbt und haben wie die Erwachsenen eine Musterung aus hellen und dunklen zarten Linien oder Punkten.

Das Verbreitungsgebiet der Smaragdeidechse reicht von den Pyrenäen über Frankreich, Italien und den Balkan nach Osteuropa bis zur Ukraine und der türkischen Schwarzmeerküste. Die mitteleuropäischen Vorkommen sind auf den äußersten Südwesten Deutschlands, den Osten Brandenburgs und die warmen Regionen im Osten Österreichs beschränkt. In den verschiedenen Regionen unterscheiden sich die Tiere ein wenig, und genetische Untersuchungen und Kreuzungsversuche haben bestätigt, dass es sich bei den Smaragdeidechsen Europas um zwei verschiedene Arten handelt, die Westliche Smaragdeidechse *(Lacerta bilineata)* und die **Östliche Smaragdeidechse** *(Lacerta viridis)*. Sie haben sich, einst in Europa durch die Kaltzeiten voneinander getrennt, im Lauf der Evolution unterschiedlich weiterentwickelt.

Östliche Smaragdeidechse (Lacerta viridis)
♀
♂
Westliche Smaragdeidechse (L. bilineata)
Östliche Smaragdeidechse (L. viridis)
Feinde: Schlangen, Greifvögel, Hauskatze, Füchse usw.
Verbreitungskarte

Smaragdeidechsen fressen vor allem Insekten, Schnecken und Spinnen, können aber auch kleine Wirbeltiere wie junge Mäuse und kleine Reptilien erbeuten. Die europaweit streng geschützten Tiere verbringen den Winter in frostfreien Höhlen unter der Erde, die sie in den sandigen Boden gegraben haben. Wenn sie nicht vorher selbst Beute von Schlangen, Greifvögeln, Füchsen oder frei laufenden Hunden und Katzen geworden sind, können sie ein Alter von rund zwölf Jahren erreichen.

Das Aufschichten von Ästen, das Stehenlassen von Baumstubben und die Errichtung von Lesesteinhaufen sind wertvolle Naturschutzmaßnahmen, die dazu dienen, die mittlerweile meist sehr verinselten Vorkommen der mitteleuropäischen Smaragdeidechsen zu stabilisieren und zu vergrößern. Im Optimalfall gelingt es mit diesen Maßnahmen, die auch anderen Arten wie der Zauneidechse helfen, die kleinen bestehenden Vorkommen der Smaragdeidechse wieder miteinander zu verbinden, der Inzucht der verbliebenen Tiere Einhalt zu gebieten und mittelfristig wieder gesunde Populationen aufzubauen. Es ist ein schwieriger Weg, doch es ist zu hoffen, dass diese wunderschönen Tiere sich wieder bei uns vermehren. Am Kaiserstuhl in Baden-Württemberg kann der aufmerksame Wanderer inzwischen häufiger hier und da eines unserer Juwelen der heimischen Fauna am Wegesrand vorbeihuschen sehen.

Zu den wichtigsten Beutetieren der Eidechsen gehören Heuschrecken. So wird auch die grüne Smaragdeidechse bei der Jagd auf Heuschrecken immer wieder einen **Gemeinen Grashüpfer** *(Chorthippus parallelus)* erwischen, der zu unseren häufigsten Heuschreckenarten zählt und sich praktisch auf allen unseren Ackerbrachen, Wiesen und Weiden wohlfühlt, solange sie nicht zu trocken oder zu nass sind. Selbst auf artenarmen, intensiv bewirtschafteten und überdüngten Wiesen kann man seinen charakteristischen Gesang – in mehreren Strophen hintereinander etwa eine Sekunde lange, anschwellende Kratzlaute – hören. Je wärmer und sonniger es ist, umso singfreudiger ist der Gemeine Grashüpfer, um paarungsbereite Weibchen zu locken.

Es lohnt sich, dem Gesang nachzugehen und ein singendes Tier zu beobachten. Dazu braucht es Geduld, denn kaum nähert man sich dem Tier, wird es aufhören zu singen. Wer ruhig verharrt, hat vielleicht Glück und kann bald dem Männchen – es sind ausschließlich Männchen, die singen – beim Musizieren zusehen. Der Gesang wird mithilfe eines Kammes auf der Innenseite der Hinterschenkel erzeugt, der über eine Flügelkante reibt. Je nach Schnelligkeit und Amplitude dieser sogenannten Stridulation vermag das Männchen seinen Gesang zu verändern. Es lässt gegenüber Rivalen, beim direkten Werben um ein Weibchen und bei der Paarung ganz spezifische Laute vernehmen, die sich in der Länge und Höhe der Töne unterscheiden.

Nach der Paarung legen die Weibchen ihre Eier mithilfe des Legestachels in einen Gang, den sie wenige Zentimeter tief in den Boden graben. Die Eier überwintern. Die Nymphen, wie die Jungtiere genannt werden, schlüpfen im folgenden Frühjahr. Sie sehen bereits fast wie die erwachsenen Tiere aus, haben aber keine Flügel. Mit jeder Häutung werden die Nymphen den erwachsenen Tieren Stück für Stück ähnlicher: Heuschrecken gehören zu den sogenannten hemimetabolen Insekten, denn sie haben kein Larvalstadium, dessen Individuen gänzlich anders aussehen als die geschlechtsreifen Tiere. Insektenlarven kennen wir von Schmetterlingen, Ameisen oder Käfern, die zu den holometabolen Insekten gehören und im Lauf ihrer Entwicklung vom Ei über die Larve bis zum erwachsenen, geschlechtsreifen Tier eine Metamorphose durchmachen.

Sowohl die Jungtiere als auch die erwachsenen Tiere des Gemeinen Grashüpfers, dessen Färbung von Braun über Gelb bis Grün oder Rötlich mit unterschiedlicher Musterung sehr variabel ist, ernähren sich von Gras. Mit ihren kräftigen Mundwerkzeugen ist es für sie kein Problem, die zumeist härtere Nahrung zu fressen.

Die meisten Gemeinen Grashüpfer haben derart kurze Flügel, dass sie nicht fliegen können. Hüpfen können sie dafür umso besser. Allerdings treten immer wieder flugfähige Individuen mit großen Flügeln auf, die sogenannte makroptere Form. Über die Ursachen ist viel gerätselt und geforscht worden. Inzwischen geht man davon aus, dass das Auftreten von flugfähigen Tieren durch hohe Dichten von Nymphen induziert wird, wie sie ausschließlich in extensiv bewirtschafteten Wiesen und Weiden und bei warmer Witterung auftreten können.

Apotheke am Wegesrand: unsere Ruderalfluren

Vor gelb-schwarzen geflügelten Insekten haben wir zunächst grundsätzlich Respekt – und nicht nur wir, sondern auch jedes andere Tier, das bereits schmerzhafte Begegnungen mit Bienen oder Wespen hinter sich hat. Aber nicht alles, was auf den ersten Blick wie eine wehrhafte Biene aussieht, ist auch eine. Deshalb lohnt es sich, an einem Sommertag den Flugbetrieb an einer Blüte genauer zu beobachten. Schnell wird man feststellen, dass so mancher gelb-schwarz geringelte Blütenbesucher die großen Augen einer Fliege besitzt. Und wie ein Hubschrauber abhebt und in der Luft kurz stehen bleibt, um dann mit einer raschen Kehrtwendung zur nächsten Blüte zu sausen. Es handelt sich um eine Schwebfliege, die mit ihrem Aussehen potenziellen Fressfeinden signalisiert: Lass mich in Ruhe, ich kann mich wehren. Kann sie nicht, denn sie hat keinen Giftstachel, aber so genau wird der Vogel im Vorbeiflug nicht hinschauen. Dieses Phänomen der Mimikry – ein Organismus ahmt einen anderen nach, um sich zu schützen – finden wir überall im Tier- und Pflanzenreich.

Auch aus einem weiteren Grund sind Schwebfliegen hochinteressant: Unter ihnen gibt es eine Reihe von Arten, die jährlich im Herbst über die Alpen ins Mittelmeergebiet ziehen und im Frühjahr wieder zurück. Es sind Wanderinsekten, die mit dieser für die winzigen Tiere unglaublichen Leistung den unwirtlichen mitteleuropäischen Wintern entfliehen. Im März, wenn sich hier die ersten Blüten geöffnet haben, kommt die **Kleine Schwebfliege** *(Syrphus vitripennis)* zurück. Sie ist nicht nur eine wichtige Bestäuberart. Ihre Larven sind gefräßige Räuber und hervorragende Blattlausvernichter. Aber trotzdem wird sie wie ihre Verwandten in unserer Kulturlandschaft in großem Stil vernichtet, und zwar in einem erschreckenden Ausmaß. Sichtbar wurde dies in einer Studie, die Wissenschaftler der Forschungsstation Randecker Maar in der Schwäbischen Alb im Herbst 2020 veröffentlichten: Die Gesamtzahl der ökologisch so bedeutenden Schwebfliegen ist in den letzten 50 Jahren um gut 90 Prozent eingebrochen. Wo sollen sie auch noch fliegen, in unserer totgespritzten, blütenlosen Agrarwüste?

Wilde Malve
(Malva sylvestris)

Malvendickkopf-Falter
Carcharodus alceae
Blütenstand
Samenstand
Same
Geschlossene Blüte
Same Querschnitt
Wilde Malve
(Malva sylvestris)
2011

Eine Pflanze, an der sich Blütenbesucher bequem beobachten lassen, ist die **Wilde Malve** *(Malva sylvestris)* mit ihren tiefrosa Blüten. Sie werden nicht nur von Schwebfliegen, sondern auch von Bienen, Hummeln, Wespen und Wollschwebern, die wie die Schwebfliegen perfekt den Schwirrflug beherrschen, aufgesucht. Die zahlreichen Staubblätter der attraktiven Malve sind mit ihren Staubfäden zu einer Röhre verwachsen, die den Griffel umgibt. Am Ende dieser Röhre, der Columna, befindet sich ein ganzer Schopf dicht stehender Staubbeutel, die sich zu Beginn der Blüte öffnen. Später trocknen die Staubbeutel ein, der Griffel wächst durch die Columna und teilt sich an der Spitze in zarte und mit Narbenpapillen besetzte Strahlen, die bereit sind, Pollen anderer Blüten aufzunehmen.

Die Wilde Malve ist in Mitteleuropa weit verbreitet, stellenweise sehr häufig und wächst dort, wo es warm, licht- und nährstoffreich ist. Die Käsepappel, wie sie auch genannt wird, ist eine typische Ruderalart, die auf Ackerbrachen, in mehrjährigen Unkrautfluren, an Feld- und Straßenrändern und auf Industriebrachen vorkommt. Mit einer Pappel sind Malven aber überhaupt nicht verwandt. Der Name Käsepappel rührt von der Nutzung der Art als Nahrungsmittel her: Die essbaren Früchten, die aussehen wie kleine Käselaibe und in einzelne Teilfrüchte zerfallen, können sowohl unreif als auch reif geknabbert werden.

Der Mensch hat zur weiten Verbreitung der Art beigetragen, denn die Wilde Malve gehört zu den ältesten Nutzpflanzen. Neben den Früchten können die mild schmeckenden Blätter gedünstet als Gemüse, roh als Salat oder als Tee genossen werden. Aufgrund ihrer Schleimstoffe ist die Malve auch eine bewährte Arzneipflanze, deren Extrakte zum Beispiel bei entzündlichen Krankheiten des Mund- und Rachenraumes sowie des Verdauungstraktes eingesetzt werden, ferner bei Reizhusten und bei der Versorgung frischer und entzündeter Wunden.

Wo die Malve wächst, ist auch eine andere Ruderalart nicht fern, die im Juni zu blühen beginnt. Meistens um den Johannistag am 24. Juni herum, daher hat das etwa 60 Zentimeter hohe, gelb blühende **Johanniskraut** *(Hypericum perforatum)* seinen Namen bekommen. Ein anderer deutscher Name, Hartheu, bezieht sich auf die festen, harten Stängel, die vom Weidevieh verschmäht werden. Als Viehfutter ist das Johanniskraut ohnehin nur begrenzt geeignet. Es enthält Hypericin, eine Substanz, die bei vielen Tieren und Menschen fotosensibilisierend wirkt. Die Haut wird lichtempfindlicher und reagiert bei Sonneneinstrahlung mit Sonnenbrand oder Brandblasen. Doch die Dosis macht das Gift: Das getrocknete Kraut gilt als mildes Antidepressivum bei Erschöpfung und leichten Depressionen. Aus dem frischen Kraut wird das Rotöl gewonnen, indem die Pflanzen kurz vor der Blüte geerntet und die Knospen in Öl gelegt werden. Der rote Farbstoff Hypericin, der beim Zerreiben von Blüten und Knospen die Finger rot färbt, wird so aus der Pflanze gelöst. Rotöl fördert die Durchblutung der Haut und wirkt entzündungshemmend.

Der wissenschaftliche Artname *perforatum* bezieht sich auf ein Merkmal der Johanniskraut-Blätter: Hält man sie gegen das Licht, werden zahlreiche Drüsen als kleine helle Punkte sichtbar. Der Legende nach war der Teufel so erbost über die Heilwirkung dieser Pflanze, dass er eine Nadel nahm und versuchte, sie mit Tausenden von Nadelstichen zu töten. Gottlob ist ihm das nicht gelungen, und so ist das Johanniskraut bis heute eine weit verbreitete und häufige Heilpflanze. Aufgrund ihrer zahlreichen Inhaltsstoffe ist sie die Grundlage verschiedener Medikamente und steht weiterhin im Fokus der pharmazeutischen Forschung.

Das Echte Johanniskraut ist als typische Pionierart in Ruderalfluren, aber auch auf Wiesen, Weiden, Magerrasen und an Wegböschungen zu finden. Es ist eine recht trockenresistente Art und vermag auch noch in Pflasterritzen und an Bordsteinkanten zu wachsen. Seine winzigen Samen, die zahlreich in kleinen, braunen Kapseln heranreifen, sind nur 0,15 Milligramm schwer und werden vor allem mit dem Wind durch die Luft ausgebreitet.

Hier und da, zumeist in der Nähe von Siedlungen in warmen Lagen, kann man am Feldrand eine auffällige Mohn-Art finden, eine nahe Verwandte des Klatsch-Mohns und wie das Echte Johanniskraut seit alters eine wichtige Heilpflanze. Es ist der **Blau-** oder **Schlaf-Mohn** *(Papaver somniferum)*, dessen Samen in etwa zwei Zentimeter dicken, kugeligen Kapseln reifen. Blüten- und Blattfarbe unterscheiden sich deutlich von denen des rot blühenden Ackerunkrautes. Das Laub des Schlaf-Mohns ist blaugrün bereift und seine hell- bis dunkelrosa Blütenblätter tragen im Zentrum der Blüte einen dunklen Fleck.

Der Schlaf-Mohn ist seit dem jüngeren Neolithikum eine wichtige Nutzpflanze und fehlte früher in keinem mitteleuropäischen Bauerngarten. Die Samen liefern ein wertvolles Öl und werden als Backzutat verwendet. Der Rest der Pflanze, vor allem der Milchsaft im frischen Grün und in den unreifen Kapseln, ist hochgiftig und enthält verschiedene Alkaloide, unter anderem Morphin. Morphin ist mit seiner schmerzstillenden, schlaffördernden und berauschenden Wirkung wichtigster Wirkstoff des Opiums, des getrockneten Milchsafts des Schlaf-Mohns. Während man in der Schweiz, in Österreich und in Südtirol problemlos einige Pflanzen der einjährigen Art in seinem Garten als Zierpflanze und zur Gewinnung der schmackhaften Samen kultivieren darf, fällt in Deutschland der Anbau von Schlaf-Mohn, auch nur einer einzigen Pflanze, unter das Betäubungsmittelgesetz und ist streng verboten.

Schlafmohn
Papaver somniferum
reife Samenkapsel

Auch eine andere wichtige Heilpflanze Mitteleuropas ist auf Feldwegen und in Ruderalfluren heimisch. Es ist die **Echte Kamille** *(Chamomilla matricaria)*, die vor allem in wärmeren Regionen mit Getreideanbau vorkommt und den Menschen seit der jüngeren Steinzeit begleitet. Die Blütenköpfchen weisen einen hohen Gehalt an ätherischen Ölen auf, die entzündungshemmende und krampflösende Wirkung haben und äußerlich bei der Wundheilung wie auch innerlich bei Entzündungen des Mund- und Rachenraumes und des Magens Anwendung finden.

Die Echte Kamille hat typische Blütenstände eines Korbblütlers, die mittig kleine gelbe Röhrenblüten und randlich weiße Zungenblüten tragen. Die sterilen Zungenblüten werden nach dem Öffnen des Köpfchens bald nach unten umgeschlagen. Bestäubt wird die Echte Kamille durch verschiedene Insekten, vor allem kleine Fliegen können häufig auf den Blütenständen beobachtet werden. Die Samen können lange Zeit, unter günstigen Bedingungen wahrscheinlich mindestens 100 Jahre, im Boden überdauern. Wird auf einem Stück Land, das vor langer Zeit ein Feld war, eine Wiese umgebrochen oder ein Wald gerodet, kann aus der sogenannten Diasporenbank, also dem Vorrat lebender Samen in der Erde, die Kamille wieder keimen.

Korbblütler, mit wissenschaftlichem Namen Asteraceae oder Compositae, sind mit weltweit rund 25 000 Arten eine der artenreichsten Pflanzenfamilien und für viele Bienenarten eine wichtige Nahrungsquelle. Für manche Bienen wie die **Hosenbiene** *(Dasypoda hirtipes)* liefern sie sogar die alleinige Nahrung. *Dasypoda hirtipes* als sogenannte oligolektische Art besucht ausschließlich Korbblütler einer bestimmten Unterfamilie, der Cichorioideae. Zu dieser Gruppe gehören bekannte Arten wie **Löwenzahn** *(Taraxacum officinale)* und Gemeine Wegwarte *(Cichorium intybus)*. In den violetten Blütenständen der Wegwarte ruht sich *Dasypoda hirtipes* gerne aus, daher trägt sie auch den deutschen Namen Wegwarten-Hosenbiene.

Die Wegwarten-Hosenbiene ist an den dünnen weißen Streifen auf dem Hinterleib und den dicht behaarten Hinterbeinen zu erkennen, mit denen sie wie alle Hosenbienen Pollen sammelt. Dabei kann ein einzelnes mit Pollen beladenes Bein fast so breit wie der Hinterleib des Insektes werden. Die Art fliegt auf offenen Ruderalflächen, auf Binnendünen und an Bahn- und Straßenböschungen und ist in ganz Mitteleuropa in tiefen Lagen weit verbreitet. Sie ist die häufigste heimische Hosenbiene, aber trotzdem nur noch regional und immer seltener anzutreffen. Wo ihre Nahrungspflanzen vorkommen und der Boden etwas verfestigt, sandig und wenig bewachsen ist, kann man hier und da ihre Nester finden, die sie in den Sand gräbt und deren charakteristischer Aushub dem geübten Beobachter sofort auffällt. Er kommt aus der bis zu 60 Zentimeter tiefen Röhre, die die Biene mit raschen Bewegungen der Vorderbeine im Eingangsbereich zunächst

Schlaf-Mohn
(Papaver somniferum)

schräg, dann senkrecht in den Boden gegraben hat – für ein Tier von knapp 1,5 Zentimetern eine beachtliche Leistung! Die dichte Behaarung der Hinterbeine hilft ihr, den Sand aus der Röhre zu fegen und zu schleudern. Von dieser Röhre gehen waagerecht zahlreiche Brutkammern ab. Täglich stellt die Hosenbiene eine Kammer fertig, sammelt auf bis zu zehn Flügen ein gutes Viertelgramm Pollen, formt diesen zu einem Ball, durchfeuchtet ihn mit Honig, legt ein Ei darauf ab und verschließt die Kammer samt Gang schließlich mit feuchtem Sand. Die Larven fressen sämtlichen Pollenvorrat auf und verharren als Ruhelarve bis zum Frühjahr, wo sie sich zur Puppe häuten. Die Bienen schlüpfen schließlich im Juni, die Männchen etwas früher als die Weibchen.

Große Populationen der Hosenbiene wie auch anderer erdbewohnender Bienen können mit ihrem Nest- und Höhlenbau dafür sorgen, dass der Boden offen bleibt, und sind damit in der Lage, ein Stück weit ihren Lebensraum zu erhalten. Voraussetzung dafür ist aber, dass diese Flächen auch wirklich das bleiben können, was sie sind: kein scheinbar unnützes, unfruchtbares Ödland, das man bedenkenlos mit Straßen, Logistikzentren, Solar- oder Biogasanlagen überbauen oder mit Müll oder Mist zuschütten kann, sondern wertvoller Lebensraum zahlreicher hoch spezialisierter Pflanzen und Tiere mit einzigartigen und spannenden Lebensweisen.

Springolympiade der Wirbellosen

Hier lebt auch die **Gemeine Blutzikade** *(Cercopis vulnerata)*, ein zartes rot-schwarzes Tier von rund zehn Millimeter Länge, das von Mai bis Juli an Grashalmen und hochwüchsigen Stauden beobachtet werden kann. Bei Gefahr scheiden die Tiere an der Spitze ihrer Füße einen orangen, übel riechenden Tropfen Wehrsekret aus, der wie die rot-schwarze Warntracht Fressfeinde abschrecken soll – allerdings ist die Blutzikade ungiftig.

Zikaden sind in Mitteleuropa mit gut 800 meist kleinen bis winzigen Arten vertreten. Charakteristisch sind ihre in Ruhestellung dachförmig über den Körper gelegten Flügel, der lange Saugrüssel, der in Ruhestellung unter ihrem Körper liegt und mit dem sie ausschließlich flüssige Nahrung aufnehmen können, sowie ihr enormes Sprungvermögen. Zikaden sind Pflanzensauger und teilweise hoch spezialisiert auf eine einzige Pflanzengattung oder gar -art angewiesen. Bei der Gemeinen Blutzikade ist das nicht der Fall, wie das «gemein» im Sinne von allgemein, normal oder üblich bereits vermuten lässt. Die in fast ganz Europa weit verbreitete Art kommt nicht nur an krautreichen Feldwegen und Waldsäumen vor, sondern besiedelt auch magere Wiesen, lichte Wälder und Hochstaudenfluren. Ihre Nahrungspflanzen sind vor allem verschiedene Gräser, aber auch zahlreiche weit verbreitete Stauden wie Brennnesseln *(Urtica dioica)* oder die Kanadische Goldrute *(Solidago canadensis)*.

Die Gemeine Blutzikade gehört zu den Schaumzikaden, einer Gruppe von weltweit über 2600 Arten. Ihre Jugendstadien, die Nymphen, produzieren um ihren Körper eine Hülle aus Schaum, die sie vor Austrocknung, Hitze und Fressfeinden schützt. Bekannt ist der «Kuckucksspeichel» der Wiesen-Schaumzikade *(Philaenus spumarius)*, der im Frühjahr auf Feuchtwiesen an den Stängeln des Wiesen-Schaumkrautes zu finden ist.

Brennessel - Urtica dioica
Admiral
Vanessa atalanta
Kleiner Fuchs
Aglais urticae
C-Falter
Polygonia c-album
Distelfalter
Cynthia cardui
Tagpfauenauge
Inachis io
Landkärtchen
Araschnia levana

Blutzikaden-Nymphen hingegen leben unter der Erde, in kleinen Schaumnestern in gut zehn Zentimeter Tiefe, wo sie an Gräserwurzeln saugen. Dort überwintern sie auch, bis sie – als hemimetabole Insekten ohne Puppenstadium – nach der fünften Häutung als erwachsene Tiere das Nest verlassen.

Die Männchen sind in der Lage, anhand eines speziellen Organs am Hinterleib, des Tymbalorgans, zu singen. Es sind kleine Chitinplatten, die mithilfe umliegender Muskeln sehr rasch hin- und hergewölbt werden und dabei wie die Metallplatte des guten alten Knallfroschs ein Knacken verursachen. Bei der Gemeinen Blutzikade sind diese Töne fein und leise. Lauter, und auch viel bekannter, sind sie bei den Singzikaden aus dem Mittelmeerraum, die sonnige und heiße Sommertage stets mit ihrem Gesang begleiten. Bereits die alten Griechen wussten, dass bei den Zikaden nur die Männchen singen, was den Komödiendichter Xenarchos im 4. Jahrhundert v. Chr. zum viel zitierten Satz veranlasste: «Glücklich leben die Zikaden, denn sie haben stumme Weiber.» Was die Weibchen wohl zum Gesang ihrer Artgenossen meinen, darüber schweigt des Sängers Höflichkeit. In jedem Fall können sie sich schnell aus dem Staub machen, denn Zikaden können hervorragend springen. Zu ihnen, und nicht etwa zu den Flöhen, gehört der Rekordhalter des Insektensprungs. Es ist die oben erwähnte Wiesen-Schaumzikade, die über 60 Zentimeter weit springen kann. Im Verhältnis zu ihrer Körperlänge eine beeindruckende Strecke, ein Mensch müsste dafür 200 Meter weit hüpfen.

Nicht nur Zikaden oder Flöhe können ausgezeichnet springen. Wer sich um die Mittagszeit bei seinem Spaziergang auf eine Bank am Wegesrand setzt, wird hier und da eine kleine Spinne beobachten, die mit einem zielgerichteten Satz vor einem Beutetier landet, es packt, mit einem Biss lähmt und anschließend aussaugt. Es handelt sich um eine Springspinne (Salticidae). Die Vertreter dieser Spinnenfamilie weben keine Netze, sondern jagen ausschließlich aktiv. Die **Zebra-Springspinne** *(Salticus scenicus)* mit ihrer markanten weißen Behaarung auf dunklem Körper ist die häufigste Art und in der Holarktis, also auf der gesamten Nordhemisphäre, verbreitet. Man findet sie in ganz Europa, vorzugsweise an trockenen Feldrainen, auf Magerrasen oder in steinigen Triften und auch in Gärten und Parks an warmen und sonnigen Stellen.

Brennnessel
(Urtica dioica)

Die Männchen besitzen wie alle Arten der Gattung sehr kräftige Cheliceren, wie die Mundwerkzeuge der Spinnen genannt werden. Sie sind wie bei allen Webspinnen mit einer Giftdrüse ausgestattet und werden nicht nur bei der Jagd, sondern auch bei rivalisierenden Kämpfen mit Geschlechtsgenossen eingesetzt. Dabei richten die Männchen ihre Cheliceren so lange aufeinander, bis eines von ihnen aufgibt und die Flucht ergreift. Verletzt wird dabei in der Regel kein Tier. Auch bei der Balz nutzt das Männchen die für den kleinen Körper riesigen Werkzeuge und streckt sie waagerecht nach vorne. Angesichts der Angebeteten geht es dabei aber deutlich sachter vor und klappt die Giftklauen sicherheitshalber ein.

Mit ihren vier Augenpaaren können die Tiere hervorragend sehen: Zwei Augenpaare, davon ein sehr großes Frontaugenpaar, sind nach vorne gerichtet, zwei weitere befinden sich an den Seiten des Kopfes. Die Zebra-Springspinne hat also ständige 360-Grad-Rundumsicht. Hat sie ein Beutetier erspäht, pirscht sie sich heran und erfasst es mit dem bereits geschilderten gezielten Sprung. Der schnelle Sprung wird durch ein hydraulisches System der beiden Hinterbeine ermöglicht. Hierbei wird in den Beinen der Druck der Hämolymphe, wie die Köperflüssigkeit bei verschiedenen wirbellosen Tieren genannt wird, plötzlich erhöht. Während des Sprunges ist die Spinne mit ihrer Sitzwarte durch einen Spinnfaden verbunden, den sie sicherheitshalber gesponnen hat und an dem sie nach einem erfolglosen Beutesprung zurückklettert.

Aus fernen Ländern: Neozoen und Neophyten

Unsere Pflanzen- und Tierwelt befindet sich in stetem Wandel. Mit dem Rückgang der Gletscher vor rund 10 000 Jahren konnten sich Arten, die die Kaltzeiten in verschiedenen Refugialgebieten überdauert hatten, wieder in Mitteleuropa ausbreiten. Andere Arten kamen aus den Steppengebieten Asiens oder aus dem Mittelmeerraum, konnten angesichts des immer wärmeren Klimas hier Fuß fassen und verdrängten die kälteangepassten Arten. Bis heute ist dieser Prozess nicht abgeschlossen – evolutionäre Entwicklungen stehen nicht still. Das Entstehen und Vergehen von Arten ist eine Kerneigenschaft des Lebens auf unserem Planeten.

Der Mensch hat mit seinem Auftreten erheblich in die Evolution eingegriffen: Nicht nur hat er bereits vor Tausenden von Jahren begonnen, Wälder zu roden, Wiesen und Felder zu schaffen, Flüsse umzuleiten, Landschaften mit intensiver Landwirtschaft gar zu Wüsten veröden zu lassen und große Weidetiere auszurotten. Er hat auch Tiere und Pflanzen von einem Ende der Welt zum anderen gebracht, teils absichtlich, teils unabsichtlich. In der mitteleuropäischen Kulturlandschaft fühlen sich viele dieser Arten aus anderen Teilen der Welt wohl und sind zu einem festen Bestandteil der heimischen Flora und Fauna geworden.

Fasan (Phasianus colchicus
♂

So ist der **Fasan** *(Phasianus colchicus)* aus unserer Landschaft kaum noch wegzudenken. Hin und wieder kann man die aus Asien stammenden farbenprächtigen Vögel, die schon von den Römern wahrscheinlich als Jagdwild nach Mitteleuropa gebracht wurden, bei einem Spaziergang durch Felder und Wiesen entdecken. Häufig hört man sie zuerst, denn beim Auffliegen lassen sie ihren lauten Warnruf ertönen. Die Weibchen sind unscheinbar hellbraun wie trockenes Gras. Die Tarnfarbe schützt sie, denn nur sie sind für das Brüten zuständig. Im Gegensatz zum selten gewordenen Rebhuhn kann man Fasanen immer wieder begegnen – kommt man ihnen zu nahe, fliegen sie mit lauten Rufen auf und davon.

Manch einem, der im Osten Deutschlands aufgewachsen ist, ist die **Kanadische Goldrute** *(Solidago canadensis)* vielleicht noch als «Reichsbahnorchidee» bekannt. Mit einer Orchidee aber hat die ab Spätsommer gelb blühende und vor allem durch Fliegen bestäubte Art gerade mal den Zierwert gemein. Goldruten gehören zur Familie der Korbblütler. Doch die «Reichsbahn» im spöttischen Volksnamen weist auf ein Phänomen hin, das von vielen Wärme liebenden Tier- und Pflanzenarten bekannt ist: Sie nutzen die stets gehölzfrei gehaltenen Böschungen unserer Bahnstrecken als Wanderwege, um sich neue Lebensräume zu erschließen. Im Fall der Goldrute, die einst als Zierpflanze aus Nordamerika kam und aus Gärten ausgebüxt ist, ging das recht schnell. Ihre Blütenstände produzieren viele Tausend Früchte, die wie Löwenzahn-Früchte ein Schirmchen haben und durch den Wind weite Strecken verfrachtet werden können. An warmen, sonnigen und nährstoffreichen Bahnböschungen finden die Keimlinge optimale Bedingungen.

Solidago canadensis hat aber nicht nur die Bahndämme, aufgelassene Industrieanlagen und Ruderalfluren der Städte erobert. Sie dringt immer auch in naturnahe Gebiete vor und kann hier zum Problem werden. Mit ihren kräftigen Ausläufern ist sie in der Lage, die ursprüngliche Vegetation zu verdrängen. Damit zählt die Kanadische Goldrute zu den invasiven Arten, die das Gleichgewicht bestehender Biotope empfindlich stören und innerhalb kurzer Zeit einst artenreiche Habitate zu Massenbeständen weniger Tier- und Pflanzenarten umwandeln können. Solche Arten haben deshalb einen nicht unerheblichen Anteil am Verlust heimischer Biodiversität und werden bei massivem Auftreten nach Möglichkeit bekämpft.

An Bahndämmen, auf Industriebrachen oder anderen Ruderalflächen in der Nähe menschlicher Siedlungen ist der **Stechapfel** *(Datura stramonium)* mit seinen großen, weißen Trichterblüten und seinen charakteristisch stacheligen Früchten zu finden. Er gehört zur großen Familie der Nachtschattengewächse (Solanaceae), zu denen allseits bekannte und aus Südamerika stammende Nutzpflanzen wie Kartoffel, Tomate und Paprika sowie auch heimische Giftpflanzen wie die Tollkirsche *(Atropa bella-donna)* gehören. Wie alle Nachtschattengewächse bildet auch der Stechapfel Alkaloide, in seinem Fall vor allem das hochgiftige Scopolamin. In schwacher Dosierung wirkt Scopolamin unter anderem gegen Asthma und Rheuma und wird als krampflösendes Mittel eingesetzt, in höherer Dosierung ist die Droge berauschend bis tödlich. Bereits in den alten Kulturen Mexikos wurde die dort heimische Art, Toloache genannt, als Medizinal- und Rauschdroge verwendet. Auch die moderne Pharmazie greift für zahlreiche Medikamente auf Scopolamin zurück, das von der Weltgesundheitsorganisation (WHO) als einer der wichtigsten pharmazeutischen Wirkstoffe eingestuft wird. Der Pflanze dient das Scopolamin wie die anderen Alkaloide als Fraßschutz. Die Konzentration der Giftstoffe ist in den Pflanzen von Region zu Region verschieden und an die jeweils vorkommenden Fraßfeinde angepasst – ein Beispiel für eine innerartliche Differenzierung, die bei einjährigen Arten wie dem Stechapfel innerhalb weniger Jahre auftreten kann. Mit modernen Methoden ist es heute möglich, solche Schritte auf molekularer Ebene nachzuverfolgen und damit aus dem Labor heraus der Evolution bei ihrem Wirken zuzuschauen.

Von Mexiko aus gelangte der Stechapfel nach Nord- und Südamerika, später auch in die Alte Welt, wo er sich wie auch in der Neuen Welt in warmen und gemäßigten Zonen ausgebreitet hat und vor allem an sandigen Flussufern stellenweise häufig ist. Seine Samen wachsen in Kapseln heran, die bei Reife an trockenen Tagen plötzlich aufspringen und die Samen herausschleudern. Bereits 20 Samen sind für Kinder tödlich – ein wichtiger Grund, mit Kindern Pflanzen kennenzulernen und giftige von ungiftigen zu unterscheiden.

Dort, wo der Stechapfel wächst, kommen häufig auch andere neophytische Arten vor, die auf immer wieder gestörten, meist nährstoffreichen offenen Böden ideale Wachstumsbedingungen finden. Zu diesen Einwanderern zählt auch die Gattung *Ambrosia*. Sie gehört zu den Korbblütlern, stammt aus Nordamerika und ist seit Ende des 19. Jahrhunderts mit drei verschiedenen Arten bei uns heimisch geworden. Seit einigen Jahren breitet sich vor allem die **Beifußblättrige Ambrosie** *(Ambrosia artemisiifolia)* im südlichen Europa stark aus und verdrängt hier und dort die heimische Flora. Im nördlichen Mitteleuropa hingegen ist sie eher selten und wächst meistens in Gärten, wohin sie durch mit *Ambrosia*-Samen verseuchtem Vogelfutter gerät. Meistens wird die Art mit dem heimischen Beifuß *(Artemisia vulgaris)* verwechselt, der aber im Gegensatz zur einjährigen Ambrosie mehrjährig ist und nicht grün-, sondern weißfilzige Blattunterseiten hat. Beide Arten blühen im Spätsommer und werden durch den Wind bestäubt. Wie alle windbestäubten Pflanzen müssen sie, damit die Bestäubung gewährleistet ist, eine große Menge an Pollen produzieren – und gehören damit zu den Pflanzen, deren Pollen jahraus, jahrein Allergikernasen zum Schniefen bringen.

Stechapfel
(Datura stramonium)

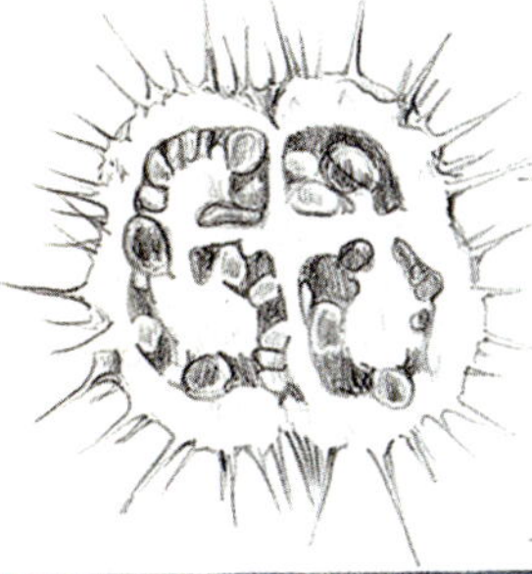

Der Gemeine Stechapfel ist eine krautig wachsende, einjährige Pflanze mit ca. 1m Höhe. Er bildet Blüten von Juni bis Oktober aus. Die Blüten duften stark und Nachtfalter werden von ihnen angezogen. Die trompetenförmige Blüte ist fünfzipflig. Die Stacheln auf den Kapseln sind gleichmäßig.

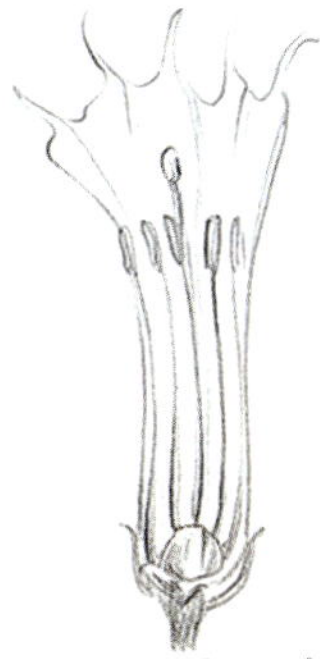

Blüte im Querschnitt

Staubblatt

Samen

Stechapfel (Datura stramonium)

Das im Stechapfel enthaltene Alkaloid Daturin und andere Giftstoffe wirken ähnlich wie Belladonna. Früher wurde aus Blättern und Samen ein zum Erbrechen reizender Tee bereitet. Stechapfeldunst wurde inhaliert, um Asthma zu bekämpfen.

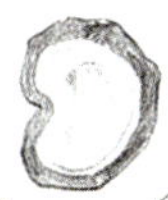

Samen im Querschnitt

Samen Seite

Hotspots
der Kulturlandschaft –

artenreiche Wiesen

Campanula rotundifolia
Lotus corniculatus
Achillea millefolium
Salvia pratensis

Blütenquerschnitt
Griffel mit Narbe
Staubgefäße
(Salvia pratensis)
JOHANN BRANDSTETTER

Arm und doch unendlich reich: unsere Trocken- und Magerrasen

Schon im zeitigen Frühjahr, wenn auf manchem See noch Eisschollen treiben, Bäume und Sträucher kahl und die Felder leer sind, erwacht auf südexponierten, sonnigen Hängen das Leben. Zu den ersten Frühlingsboten gehört die **Gemeine Küchenschelle** *(Pulsatilla vulgaris)*, die ab März ihre großen, pollenreichen Blüten entfaltet und von Hummeln und Bienen besucht wird. Bereits im Herbst hat die Pflanze im Zentrum der Blattrosette ihre Knospen gebildet, die wie die jungen Blätter zum Schutz vor Austrocknung und Kälte mit einem dichten Haarpelz überzogen sind.

Ein paar Wochen später ist aus der violetten Blüte ein wilder, grau behaarter Schopf geworden. Dieser Fruchtstand besteht vor allem aus den auf rund fünf Zentimeter verlängerten Griffeln, die am unteren Ende je ein Samenkorn tragen. Starker Wind oder herumstreifende Tiere streifen die Früchte ab und tragen sie fort. In feuchten Frühsommern wird ein Teil sofort keimen und im folgenden Jahr schon zu einer kleinen, blühenden Pflanze herangewachsen sein. Ein anderer Teil der Samen keimt im kommenden Frühjahr, wenn die Chancen, dass sich der kleine Sämling bei steigenden Temperaturen etablieren kann, besonders hoch sind.

Die heute in den meisten Regionen seltene oder sehr seltene und gefährdete Gemeine Küchenschelle war früher, wie der deutsche Name verdeutlicht, eine häufige, «allgemeine» Art. Sie wächst auf nährstoffarmen, kalkreichen und trockenen Böden in warmen Lagen. Sie war eine typische Pflanze der Schafweiden, denn die genügsamen Schafe ließ man dort weiden, wo der Boden zu karg für den Ackerbau und das Gras zu trocken für die Rinder war, und förderte damit die Ausbreitung der Küchenschelle. Beweidung entzieht dem Boden Nährstoffe, und Tiere zerstören mit ihrem Tritt hier und da die Grasnarbe und sorgen damit für offene Bodenstellen. Und genau diese sind für viele Pflanzenarten essenziell, genauer gesagt für die Keimung ihrer Samen. Nur in offenen Bodenstellen können Samen keimen, Sämlinge sich verwurzeln und zu jungen Pflanzen heranwachsen. Mit einem kräftigen Tritt oder Biss zerstören die Weidetiere also nicht die Vegetation, sondern sorgen dafür, dass sich die Pflanzenbestände immer wieder verjüngen können. Ähnliches bewirkt eine tiefe Mahd mit der Sense, auch der Motorsense, wenn dabei gelegentlich der Boden miterfasst wird. Selbstredend kann eine Wiese aber auch überweidet werden. Sind zu viele Tiere auf einer zu kleinen Fläche, können die Pflanzen nicht mehr schnell genug nachwachsen und die Vegetation wird dauerhaft zerstört.

Dort, wo keine Beweidung mehr stattfindet oder nicht oder nicht tief genug gemäht wird, sammelt sich das abgestorbene Pflanzenmaterial, verrottet allmählich und bildet eine Humusschicht, in der sich mit der Zeit Nährstoffe anreichern. Das mag auf den ersten Blick nicht negativ erscheinen, aber von diesem nährstoffreichen Humus profitieren vergleichsweise wenige Arten, die schnell wachsen und mit dichten Wurzelausläufern den Humus durchziehen. In dichtem, hohem Gras haben aber konkurrenzschwache Arten, zu denen viele unserer bunt blühenden Wiesenarten gehören, keine Chance mehr. Sie werden einfach überwuchert, und für ihre Samen gibt es kein Fleckchen Erde mehr, in dem sie keimen können. Es mag paradox klingen, aber je karger und trockener unsere Böden, desto reicher das Leben auf ihnen.

An den ersten sonnigen Frühlingstagen herrscht bereits reger Insektenflugverkehr. Es sind Wildbienen wie Hummeln, Sand- oder Mauerbienen, die von warmen Sonnenstrahlen aus ihren Nestern gelockt wurden. Auch wenn die Blütenfülle früh im Jahr noch übersichtlich und die Tage noch kurz sind, sind die Tiere in der Lage, die bereits vorhandenen Nahrungsquellen auszuschöpfen.

Im vorherigen Frühjahr hatten sich die Weibchen der **Gehörnten Mauerbiene** *(Osmia cornuta)* eine Lehm- oder auch Hauswand mit Löchern und Röhren gesucht und dort wie alle solitär lebenden Bienen alleine ihre Nester gebaut. Bis zu zwölf Brutkammern hatte jede Biene in einzelnen Röhren hintereinander angelegt, jede Brutkammer mit Pollen und Nektar bestückt, mit einem Ei belegt, schließlich die Brutkammern und den

Röhrenausgang mit Lehm verschlossen. In den Kammern hatten sich die Larven vom Proviantpaket ernährt, ein Gespinst gewebt, sich verpuppt und im Herbst zum erwachsenen Tier gehäutet. Jetzt im Frühling können die jungen Bienen ihre Brutkammern verlassen. Sie sind auch bei kühleren Temperaturen unterwegs und zählen daher zu den wichtigsten Bestäubern vieler früh blühender Obstbäume – sie fliegen auch dann, wenn es der Honigbiene viel zu kalt ist. Ihre ökologische und auch ökonomische Bedeutung ist enorm.

Wenn vom Bienensterben die Rede ist, geht es in erster Linie um unsere Wildbienen. Die Honigbiene ist nicht gefährdet, sie ist ein Nutztier wie Huhn, Schaf und Rind. Von den rund 600 mitteleuropäischen Wildbienen-Arten hingegen sind zahlreiche selten und gefährdet. Mit ihrer sehr vielfältigen Biologie und Ökologie – Wildbienen gehören zu ganz unterschiedlichen Verwandtschaftskreisen – sind Wildbienen nicht nur für den Menschen nützlich, sondern vor allem überaus faszinierende Insekten.

Neben der Garten-Hummel ist die **Dunkle Erdhummel** *(Bombus terrestris)* eine unserer häufigsten Hummel-Arten, die schon zeitig im Jahr fliegt. Sie kommt auf Feldern, Wiesen und Trockenrasen, an Wegrändern, in Gärten und Parks vor. Im Frühjahr fliegen zunächst die Königinnen, die reichlich Zucker benötigen. Die Tiere produzieren in ihren Körpern Wärme, um die Waben mit den Larven warm zu halten. Das Nest der Erdhummel, das mit dem Hummelvolk mitwächst, legt die Königin meist im Boden in verlassenen Erdhöhlen oder -gängen anderer Tiere an.

Hummelvölker besuchen die Blüten zahlreicher Wild- und Kulturpflanzen und sind wichtige Bestäuber nicht nur im kommerziellen Gemüsebau, wie viele andere Wildbienen auch sind sie unverzichtbar für die Bestäubung unserer Obstbäume und -sträucher. Im Lauf des Jahres kann ein Volk auf bis zu 600 Tiere anwachsen, bis dann im Spätsommer alle Tiere bis auf die Jungköniginnen absterben.

ALS HELFER EINGEFLOGEN, AUSGEFLOGEN EIN PROBLEM

Als fleißiger Bestäuber wurde die Dunkle Erdhummel absichtlich in zahlreiche Länder in Übersee gebracht, um dort in Klee- und Gemüsekulturen ihren Dienst zu tun. Was auf den ersten Blick als sinnvolle und plausible Maßnahme erscheint – schließlich hatte sich die Dunkle Erdhummel in Europa vor allem bei der Bestäubung von Tomaten in Gewächshäusern sehr bewährt –, hat sich bald als großes Problem entpuppt. Die Hummeln haben sich in einigen Ländern Südamerikas, in Neuseeland und Ostasien ausgebreitet, wo sie ursprünglich nicht heimisch waren. In Südamerika hat die konkurrenzstarke Dunkle Erdhummel binnen weniger Jahrzehnte dafür gesorgt, dass die dort heimischen Hummeln vielerorts aussterben. Nach Tasmanien gelangte die Dunkle Erdhummel wahrscheinlich Anfang der 1990er-Jahre illegal – in Tasmanien ist es aufgrund zahlreicher schlechter Erfahrungen mit eingeführten Tier- und Pflanzenarten strengstens verboten, fremde Organismen einzuführen. Dort richtet sie großen Schaden an, weil sie die ebenfalls nach Tasmanien eingeführte Baum-Lupine bestäubt. Bis zum Auftreten der Hummel war diese kalifornische Pflanze kein Problem, ist aber aufgrund der reichen Bestäubung durch die Dunkle Erdhummel inzwischen zur Plage geworden. Die invasive Art breitet sich seit einigen Jahren massiv aus und verdrängt die einzigartige einheimische Flora Tasmaniens. Hier wird deutlich, wie empfindlich über Jahrmillionen gewachsene Ökosysteme auf scheinbar minimale Veränderungen reagieren können – und wie schnell sie zerstört werden können, wenn das natürliche Gleichgewicht aus den Fugen gerät.

Die meisten Wildbienen sind nicht einfach zu bestimmen, aber Blutbienen (Gattung *Sphecodes*) sind an ihrem rostroten Hinterleib gut erkennbar. Die **Dunkelflügelige Buckelbiene** *(Sphecodes albilabris)* ist mit gut einem Zentimeter die größte Blutbienen-Art. Die Weibchen überwintern und fliegen ab April. Wie alle Blutbienen bauen sie für ihre Brut keine eigenen Bruthöhlen, sondern legen ihre Eier in fertige Nester anderer Wildbienen: Zuerst fressen sie das Ei der fremden Art auf und legen dann ihr eigenes Ei in den Pollen- und Nektarvorrat. Die neue Generation schlüpft im Sommer, die Männchen sterben noch vor dem Herbst, nachdem sie die Weibchen begattet haben. Brutparasiten unter den Wildbienen sind nicht selten. Rund ein Viertel der heimischen Wildbienen-Arten sind derartige «Kuckucksbienen».

Im zeitigen Frühjahr fallen in manch einer Blüte, zum Beispiel in den weißen Busch-Windröschen *(Anemone sylvestris)*, viele kleine, schwarze, längliche Tiere auf. Sie werden aufgrund der charakteristischen dreizackigen Endglieder an ihren kräftigen Beinen Triungulinen (Dreiklauer) genannt. Fliegt eine Biene oder Hummel in die Blüte, klammern sich die Triungulinen am Bestäuber fest und werden fortgetragen. Und weshalb? Die Triungulinen sind frisch aus dem Ei geschlüpfte Larven eines Käfers, des **Violetten Ölkäfers** *(Meloe violaceus)*, die sich nur weiterentwickeln können, wenn sie von einer Solitärbiene in ihr Nest getragen werden. Dort fressen sie als Brutparasiten das Ei und das Nektar-Pollen-Gemisch, das eigentlich für die junge Bienenlarve gedacht war, wachsen heran und verlassen das Nest. Nach einer letzten Häutung sind sie kaum noch beweglich und verpuppen sich. Aus dieser Puppe schlüpft schließlich zwischen März und Mai der bis gut drei Zentimeter große, dunkel- bis violettblau gefärbte Käfer, im Volksmund auch «Maiwurm» genannt. Er hat keine Hinterflügel und kann daher nicht fliegen.

Die tagaktive Art ernährt sich von Pflanzen und ist in ganz Europa und Sibirien bis in den hohen Norden in trockenen, sonnigen Habitaten weit verbreitet. Bei Gefahr scheiden die Tiere aus ihrem Kniegelenk eine auch für Menschen hochgiftige gelbe Flüssigkeit aus, das Cantharidin. Nach der Paarung legt das Weibchen 2000 bis 10 000 Eier in eine selbst gegrabene Höhle ab. Mit der hohen Anzahl von Eiern wird die hohe Verlustrate des ersten Larvenstadiums ausgeglichen, denn alle Triungulinen, die keinen Shuttleflug in ein Solitärbienennest bekommen, sterben ab.

Nur wenige Tage nach der Küchenschelle entfaltet das **Frühlings-Adonisröschen** *(Adonis vernalis)* aus seinen kugeligen Knospen die ersten Blüten. Sein leuchtend glänzendes Gelb, das im Frühling die Steppenrasen der trockensten Regionen Mitteleuropas ziert, ist nicht zu übersehen. Das Frühlings-Adonisröschen ist mit den rot blühenden *Adonis*-Arten der Äcker nah verwandt, hat aber deutlich größere Blüten mit einem Durchmesser von rund sechs Zentimetern und ist im Gegensatz zu den einjährigen Ackerunkräutern eine ausdauernde, also mehrjährige Pflanze. Nach der langen Blütezeit von etwa einem Monat erscheinen Ende April oder Anfang Mai die Fruchtstände, deren einzelne Nüsschen vier Wochen später reif sind. Manche fallen zu Boden, andere bleiben mit ihrem feinen Haken an der Spitze im dichten Fell eines Schafes oder anderen Tieres hängen und werden fortgetragen.

Wie alle Hahnenfußgewächse sind die Gemeine Küchenschelle und das Frühlings-Adonisröschen aufgrund ihrer sogenannten Protoanemonine giftig. Deshalb werden beide Arten vom Weidevieh verschmäht, und die kräftigen Pflanzen sind mit ihren feingliedrigen, zarten Blättern bis in den Herbst hinein nicht zu übersehen.

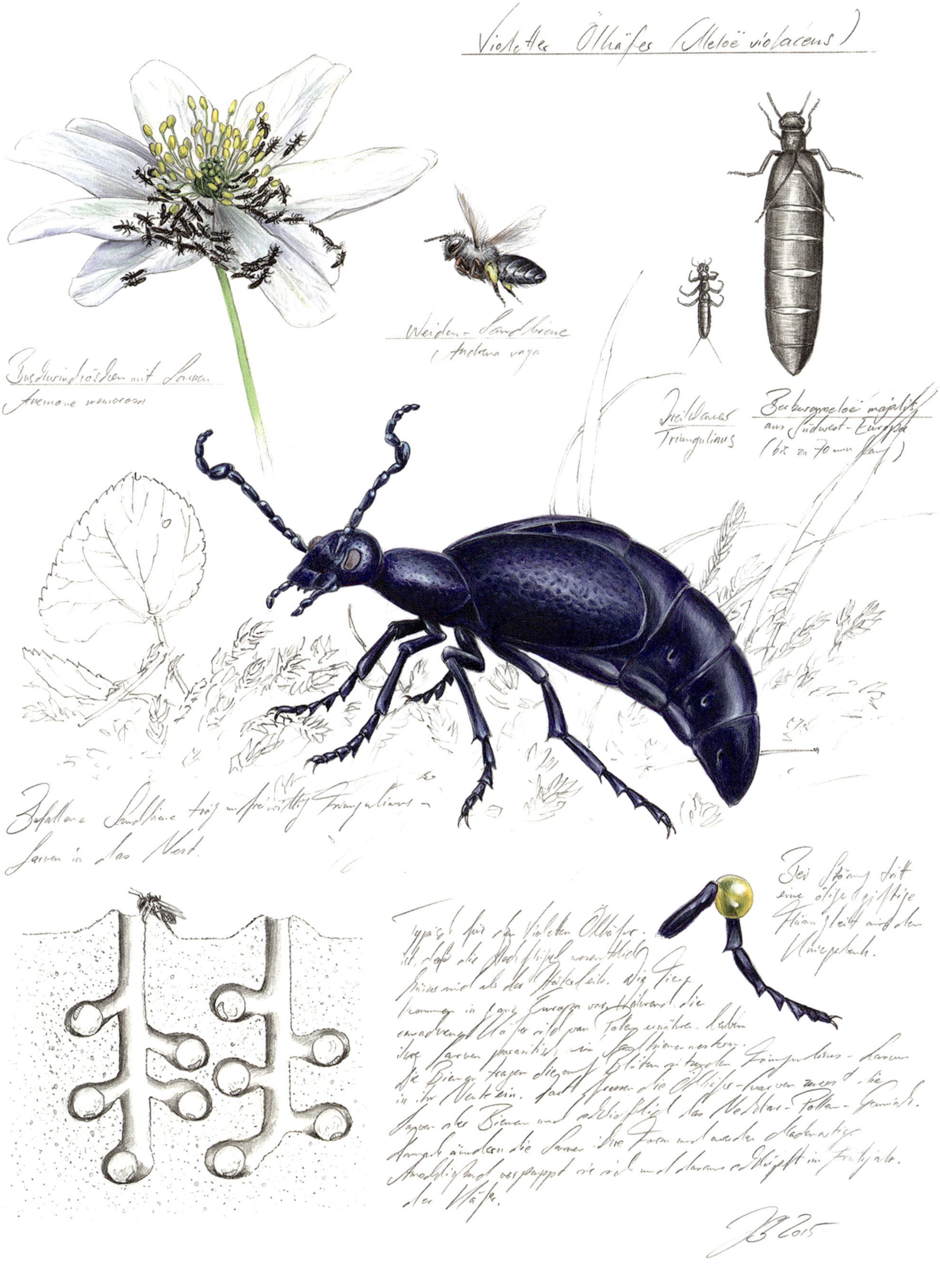
Violetter Ölkäfer (Meloë violaceus)
Buschwindröschen mit Larven
Anemone nemorosa
Weiden-Sandbiene
(Andrena vaga
Dreiklauer
Triungulinus
Berberomeloë majalis
aus Südwest-Europa
(bis zu 70 mm lang)
Befallene Sandbiene trägt unfreiwillig Triungulinus-Larven in das Nest.
Bei Störung tritt eine ölige, giftige Flüssigkeit aus den Kniegelenken.
Typisch für den Violetten Ölkäfer ist, daß die Deckflügel wesentlich kürzer sind als der Hinterleib. Die Tiere kommen in ganz Europa vor. Während die erwachsenen Käfer sich von Pollen ernähren, leben ihre Larven parasitisch in Sandbienennestern. Die Bienen tragen die auf Blüten sitzenden Triungulinus-Larven in ihr Nest ein. Dort fressen die Ölkäfer-Larven zuerst die Eier der Bienen und schließlich das Nektar-Pollen-Gemisch. Danach ändern die Larven ihre Form und werden madenartig. Anschließend verpuppt sie sich und daraus schlüpft im Frühjahr der Käfer.
2015

Das Frühlings-Adonisröschen ist nach den Kaltzeiten aus den Steppengebieten Osteuropas und Asiens ins unbewaldete Mitteleuropa eingewandert. Mit der zunehmenden Bewaldung wurde es auf sonnenexponierte und magere Standorte verdrängt, auf denen kein Baumwuchs möglich war oder die von den großen Weidetieren wie Mammut, Wisent und Elch offen gehalten wurden. Von dort aus konnte es sich wieder auf die vom Menschen und seinem Vieh geschaffenen Offenlandbiotope ausbreiten.

Zu den Besonderheiten der inneralpinen Felsensteppen des Wallis und Tessins zählt die **Südliche Weinberg-Tulpe** (*Tulipa sylvestris* subsp. *australis*), die im Frühsommer einige Bergwiesen und felsige Hänge mit ihren gelben Blüten ziert. Sie ist eine mediterrane Art, die hier ihre nördliche Verbreitungsgrenze erreicht und vor allem im westlichen Mittelmeergebiet verbreitet ist. Sie unterscheidet sich von der Gewöhnlichen Weinberg-Tulpe *(Tulipa sylvestris)* durch außen rötlich überlaufene Blüten, die vor dem Aufblühen aufrecht stehen, und durch breitere Fruchtkapseln.

Die Gewöhnliche Weinberg-Tulpe kommt ausschließlich in niedrigeren Lagen vor und stammt wahrscheinlich aus dem südlichen Italien und der Balkanregion. Von dort aus ist sie als Zierpflanze nach Mittel- und Nordeuropa gelangt. Wann genau, ist unklar, die ersten Hinweise auf eine Kultivierung der Art in Luzern und in der Lausitz stammen aus dem 16. Jahrhundert. Zwei Jahrhunderte später war die Tulpe auf dem ganzen Kontinent verbreitet. Die «Tulpomanie» des frühen 17. Jahrhunderts, einer Zeit, in der für Zwiebeln neuer Tulpen-Sorten immense Preise gezahlt wurden, hat mit Sicherheit zur Beliebtheit der Art beigetragen. Viele der in herrschaftlichen Gärten und Parks angepflanzten Vorkommen haben sich bis heute gehalten. Wie manche solche als «Stinsenpflanzen» bezeichneten Arten ist die Gewöhnliche Weinberg-Tulpe aus den Gärten und Parks ausgebüchst und in naturnahe und natürliche Habitate eingewandert. Aufgrund ihrer Ausläufer ist ihr das im Gegensatz zur Garten-Tulpe *(Tulipa gesneriana)* gut gelungen, und in manchen Weinbergen und Wiesen galt sie einst als lästiges Unkraut. Bei Überflutungen können die kleinen Zwiebeln weit fortgetragen werden, daher findet sich die Gewöhnliche Weinberg-Tulpe auch an Böschungen von Bach- und Flussläufen und in Auenwäldern.

Die Weinberg-Tulpe ist in der Schweiz und in Deutschland gesetzlich geschützt, aus gutem Grund. Ihr werden nicht nur die Intensivierung der Landwirtschaft und die zunehmende Verbauung ihrer Lebensräume zum Verhängnis, sondern auch das Ausgraben und Absammeln durch «Naturfreunde», die diese Kostbarkeit in ihrem Garten kultivieren möchten. Um aber die Weinberg-Tulpe im heimischen Garten blühen zu lassen, muss man sich nicht durch die Zerstörung ihrer Wildvorkommen strafbar machen: Seriöse zertifizierte Gärtnereien bieten Wildtulpenzwiebeln aus jahrzehntealten gärtnerischen Kulturen an.

Wilde Tulpe
(Tulipa sylvestris subsp. australis)

Nicht ohne meine Biene, nicht ohne meine Blüte – ein paar Tricks aus der Kiste der Evolution

Hier und dort gibt es sie noch, die Wiesen, auf denen es summt und brummt, flattert und zwitschert, kreucht und fleucht. Sie werden ein- oder zweimal im Jahr gemäht. Stehen im Herbst noch ein paar Tiere zur Nachweide auf der Fläche, sind die optimalen Voraussetzungen dafür gegeben, dass das auch in Zukunft so bleibt.

Eine häufige und weit verbreitete Wiesenblume ist der **Wiesen-Salbei** *(Salvia pratensis)*, dessen leuchtend blaue Blütenrispen von Mai bis Juni trockene, magere bis mäßig nährstoffreiche Wiesen und artenreiche Wegsäume zieren. Besonders häufig begegnet uns die Art, die wie der Kriechende Günsel zu den Lippenblütlern gehört, auf lehmigen Kalkböden. Anders als die Günsel-Arten hat Salbei eine deutlich ausgebildete Oberlippe, die helmförmig über dem Zentrum der Blüte steht. Der Wiesen-Salbei hat wie viele Lippenblütler ätherische Öle, die in gut sichtbaren Drüsen vor allem an den Kelch- und einigen Blütenblättern gebildet werden.

An sonnigen Tagen herrscht am Wiesen-Salbei emsiges Treiben. Vor allem Hummel-, aber auch Bienenarten fliegen von einer Blüte zur nächsten. Kaum krabbelt ein Tier in die Blüte hinein, klappt aus der Oberlippe ein Staubblattpaar herunter und – zack – verpasst ihm eine Ladung Pollen auf den Rücken. Ungeachtet dessen saugt das Tier vom Nektar und fliegt weiter zur nächsten Blüte. Dort streift es mit dem pollenbeladenen Rücken die in Anflughöhe liegenden Narbenäste, an denen unweigerlich ein paar Pollenkörner hängen bleiben.

Es ist sinnvoll, dass der Pollen einer Pflanze stets auf die Narben einer anderen Pflanze übertragen wird. Mit dieser sogenannten Fremdbestäubung wird Inzucht verhindert und die Rekombination der Gene, also ihre Durchmischung, möglich, die zur genetischen Vielfalt und damit zum Bestehen der Art beiträgt: In Populationen mit einer hohen genetischen Vielfalt gibt es genetisch unterschiedliche Individuen, die auf unterschiedliche Umweltbedingungen – Wetter, Klima oder auch Krankheitserreger – verschieden reagieren und von deren stetem Wechsel auch verschiedenartig profitieren. Besonders deutlich wird das beim plötzlichen Auftauchen von Krankheitserregern, bei dem nur ein Teil der Population überlebt, nämlich derjenige, der gegen die Keime mehr oder weniger resistent ist. Die ausreichende genetische Vielfalt einer Art ist somit ein wichtiger Garant dafür, dass die Art sich an ändernde Umweltbedingungen anpassen und somit in der Evolution bestehen kann.

Zurück zum Salbei. Auch hier wird Fremdbestäubung gefördert, und zwar durch das Zusammenspiel von Pflanze und Insekt. Betrachten wir zunächst den Blütenstand: Die einzelnen Blüten blühen von unten nach oben auf. Hierbei öffnen sich wie bei vielen anderen Blüten zunächst die Staubblätter, die Blüte ist also zuerst männlich. Erst wenn die Staubbeutel mehr oder weniger leer und vertrocknet sind, beginnt das weibliche Stadium der Blüte: Die Narben werden reif und empfängnisbereit für den Pollen. Und diese Reihenfolge ist fein auf das Verhalten des Bestäubers abgestimmt: Wer den Anflug der Hummel an einem Blütenstand des Wiesen-Salbeis beobachtet, wird feststellen, dass das Tier stets die Blüten von unten nach oben anfliegt. Es lädt also beim Besuch eines neuen Blütenstandes erst einmal den mitgebrachten Blütenstaub auf einer Blüte im weiblichen Stadium ab, bevor es an den oberen, männlichen Blüten neuen Pollen auf den Rücken gesetzt bekommt. Das geschieht seitens der Blüte wohl dosiert. Es dauert rund zwölf Hebelschläge, bis die Staubbeutel leer sind. So können mehrere Hummeln den Pollen forttragen, und die Wahrscheinlichkeit, dass der Pollen auf den Narben zahlreicher Blüten landet, wird erhöht.

Um solch raffinierte Bestäubungsmechanismen wie beim geschilderten Schlagbaummechanismus des Salbeis zu realisieren, bedarf es in der Blüte einiger Umbauarbeiten. Hier betreffen sie vor allem die Staubblätter. In der Regel trägt jedes Staubblatt einen in zwei Theken geteilten Staubbeutel, die miteinander durch eine Brücke, das sogenannte Konnektiv, verbunden sind. Beim Salbei tragen die beiden Staubblätter nur noch jeweils eine Theke. Die anderen beiden Theken sind steril geworden und wurden zu kleinen, miteinander verwachsenen Platten umgestaltet, die vor dem Eingang zum Blütenschlund liegen, wo der Nektar verborgen ist. Und auch die Konnektive haben eine neue Form: Sie sind zu langen, zarten Hebeln geworden, die jeweils die beiden Platten und die Pollen produzierenden Theken miteinander verbinden. Stößt das Insekt nun beim Blütenbesuch gegen die Platten, senken sich die Hebel mit den Pollen tragenden Theken auf den Bestäuberrücken. Diesen Mechanismus kann man einfach mit einer Bleistiftspitze immer wieder selbst auslösen, und er funktioniert bei allen Salbei-Arten, egal ob es sich um eine heimische Wildart oder um eine Zierpflanze handelt.

Der Salbei ist bei Weitem nicht die einzige Blütenpflanze mit einem solch raffinierten Bestäubungssystem. Bei den Blütenpflanzen gibt es ein ganzes Register von Tricks und Kniffen, um den Blütenstaub via Insekt von einer Blüte auf die nächste zu bekommen: Hier wird gepudert, geklappt, explodiert, geschossen, geklebt und auch zuweilen knallhart betrogen. Beispiele für diese Strategien begegnen uns bei unseren Streifzügen durch die Natur immer wieder. Sie haben sich in Zigtausenden von Jahren im Lauf der gemeinsamen Evolution von Blütenpflanzen und Insekten, der Ko-Evolution, entwickelt. Besonders vielfältig geht es hinsichtlich der Bestäubung bei den Schmetterlingsblütlern, auch als Leguminosen bekannt, zu.

Zu ihnen gehört der **Gewöhnliche Hornklee** *(Lotus corniculatus)*, eine von der Küste bis in die Alpen hinauf weit verbreitete Art trockener bis mäßig feuchter Wiesen, Wegränder und lichter Säume. Sein Blütenaufbau, eine Schmetterlingsblüte mit fünf Kronblättern, ist für die ganze Pflanzenfamilie charakteristisch: Das oberste Kronblatt, die Fahne, ist das größte. Die unterhalb rechts und links der Fahne stehenden Blütenblätter werden Flügel genannt, sie umgeben das darunter liegende Schiffchen. Das Schiffchen wird von zwei Kronblättern gebildet, die im Fall des Hornklees nicht nur an der Unterseite, sondern auch oben miteinander verwachsen sind. Im Schiffchen befinden sich fünf kurze und fünf lange Staubblätter sowie das Fruchtblatt. Wie beim Salbei reifen zunächst die Staubblätter, der Pollen rieselt dabei in die Spitze des Schiffchens. Kommt ein Insekt vorbei, setzt es sich auf die Fahnen und das Schiffchen. Das Schiffchen klappt durch das Gewicht des Tieres nach unten, und flugs wird an der Spitze des Schiffchens ein wenig Pollen durch eine kleine Pore unten an den Hinterleib des Insekts getupft. Das funktioniert wie bei einem Kolben: Beim Herunterklappen des Schiffchens wird mithilfe von Verdickungen der Staubblätter der Pollen aus der Schiffchenspitze herausgepumpt. Wohl dosiert, damit mehrere Tiere die kostbare Fracht weitertragen können, das kennen wir schon vom Salbei. Landen die Tiere dann auf einer weiblichen Blüte, tritt an der Spitze des Schiffchens die dann reife Narbe aus und nimmt den Blütenstaub an exakt der Stelle auf, wo er von der vorherigen Blüte abgesetzt wurde.

Ähnlich funktioniert der Bürstenmechanismus der **Vogel-Wicke** *(Vicia cracca)*, die auf blütenreichen Wiesen, an Wegrändern und Säumen wächst. Auch hier sind Staubblätter und Fruchtblatt im Schiffchen versteckt, das aber an der Oberkante offen ist. Und auch hier sammelt sich der Pollen im Schiffchen, genauer gesagt auf dem behaarten Griffel. Setzt sich ein Bestäuber auf die Blüte – meist sind es Bienen oder Schmetterlinge –, klappt das Schiffchen herunter und das Insekt streift von der Griffelbürste ein wenig Pollen ab. Auch dieser Vorgang kann mehrere Male hintereinander stattfinden. Später ist die Narbe empfängnisbereit, und der Blütenstaub vom Insektenbauch bleibt an der nun klebrigen Narbe hängen.

Die Vogel-Wicke beherbergt wie alle Schmetterlingsblütler in ihren Wurzeln Bakterien, sogenannte Knöllchenbakterien. Diese Bakterien können das Stickstoff-Molekül N_2 in der Luft «knacken» und in einem komplizierten biochemischen Prozess zu pflanzenverfügbarem Stickstoff (Ammoniak (NH_3) bzw. Ammonium (NH_4^+)) reduzieren. Dazu sind die Bakterien auf Stoffwechselprodukte der Pflanze angewiesen, die ihrerseits von den innewohnenden Düngerproduzenten erheblich profitiert. Weil Schmetterlingsblütler, zu denen auch Linsen, Erbsen, Bohnen und Kichererbsen gehören, dadurch den Boden mit dem wichtigsten Pflanzennährstoff anreichern, dienen sie schon seit alters als Zwischenfrucht oder als Gründüngung.

Im Hochsommer öffnen sich die großen Blüten der **Pfirsichblättrigen Glockenblume** *(Campanula persicifolia)*. Die im Tiefland und in den Mittelgebirgen weit verbreitete Art wächst auf nährstoffarmen Böden an Waldsäumen und in lichten Wäldern, ist aber im Nordosten Mitteleuropas auch immer wieder auf Halbtrockenrasen anzutreffen. Schaut man in die Blüten hinein, ist im Zentrum der einen Blüte eine mit Pollen übersäte Säule zu sehen, in anderen Blüten trägt diese Säule drei Narbenäste, auf denen sich sicherlich bereits einige Pollenkörner befinden. Wir haben es hier mit Blüten zu tun, die sich in zwei verschiedenen Stadien befinden, dem männlichen oder dem weiblichen Stadium. Auch die Blüten der Glockenblumen sind vormännlich, es reifen also zunächst die Staubblätter. Sie stehen im Kreis um den Griffel herum, der sich als Säule im Zentrum der Blüte befindet und dicht behaart ist. Auf diesen Haarpelz, die Griffelbürste, fallen nun die Pollenkörner. Die Staubbeutel vertrocknen nach einiger Zeit und sind nunmehr am Grund der Blüte zu finden, wo die fünf Staubblätter mit ihrer jeweils dreieckigen Basis den Blütengrund bis auf schmale Spalten mit dem Nektar abdecken. Hier an den Blütengrund, also an die Quelle des Nektars, gelangen nur Insekten mit einem ausreichend langen Rüssel. Auf dem Weg dorthin haben sie den mitgebrachten Pollen von der Griffelbürste abgestreift. Fliegen sie nun zu einer Blüte im weiblichen Stadium, berühren sie beim Weg in die Blüte unweigerlich ein oder zwei der ausgebreiteten Narbenlappen und lagern Pollenkörner darauf ab. Bleibt die erwünschte Fremdbestäubung aus, sichert sich die Blüte den Samenansatz durch Selbstbestäubung, indem sich die Narbenäste einrollen und mit der Griffelbürste, die meist noch ein paar Pollenkörner trägt, in Berührung kommen.

Das Acker-Stiefmütterchen ist uns am Feldrand begegnet und hat mit der Fähigkeit beeindruckt, seine Samen fast 2,5 Meter weit aus aufspringenden Kapseln zu schleudern. Bei seiner nah verwandten Schwesterart, dem **Wilden Stiefmütterchen** *(Viola tricolor)*, das auf Sandrasen, in Heiden oder auf frischen Wiesen und Weiden wächst, sind immerhin 1,65 Meter Samen-Flugweite gemessen worden. Die bunten Blüten zeigen eine reiche Vielfalt: Zuweilen sind sie reingelb, wobei die oberen Kronblätter meist heller als die unteren sind, häufig sind die oberen Kronblätter hell- bis kräftig dunkellila und die unteren weiß bis gelb, daneben gibt es auch reinlila Blüten. Die Vielfalt des Wilden Veilchens in Blütenfarbe und -zeichnung schlägt sich ein Stück weit in der Blütenvariabilität unserer beliebten Garten-Stiefmütterchen *(Viola × wittrockiana)* nieder. Das Wilde Veilchen ist eine der vier Stammarten, aus denen das Garten-Stiefmütterchen mit seinen deutlich größeren Blüten gezüchtet wurde.

Zurück zu den Blüten des Wilden Stiefmütterchens. Mehr oder weniger feine Linien weisen den Bestäubern den Weg zum Nektar, der sich in einem Sporn des unteren Kronblatts befindet. Die Blüten sind selbststeril, also zwingend auf Bestäuber angewiesen. Es sind vor allem langrüsselige Bienen- und Hummel-Arten, die in der Lage sind, den Nektar im Blütensporn zu erreichen. Es gibt aber auch den einen oder anderen Nektarräuber. Allen voran die Erdhummeln haben gelernt, wie man an die Süßigkeit kommt, wenn der Rüssel zu kurz ist oder vielleicht auch die Lust zu gering, sich durch eine Blüte zu quetschen.

Lug und Betrug

Wer nun denkt, dass nur die Tiere zu Betrügereien wie Nektarraub ohne Bestäubungsgegenleistung in der Lage sind, wird eines Besseren belehrt, sobald er sich mit der Gattung Ragwurzen *(Ophrys)* beschäftigt. Es sind Orchideen, die den Betrug – wenn man es so nennen mag – perfektioniert haben.

Dort, wo wir im Frühjahr die Gewöhnliche Küchenschelle oder das Frühlings-Adonisröschen beobachtet haben, stehen die Chancen nicht schlecht, im Frühsommer zarte, rund 20 bis 30 Zentimeter hohe Orchideen zu finden, deren fliegenähnliche Blüten ihnen zum deutschen Namen **Fliegen-Ragwurz** *(Ophrys insectifera)* verholfen haben. Auch der wissenschaftliche Artname *insectifera* («insektentragend») bezieht sich auf das Aussehen der Blüten. Die Blüten sehen aber nicht nur aus wie kleine Insekten, sie riechen auch so. Genauer gesagt, sie riechen wie die Weibchen zweier bestimmter Grabwespen-Arten, der Ragwurz-Zikadenwespe *(Argogorytes mystaceus)* und ihrer nahen Verwandten *Argogorytes fargeii*. Und, wie sollte es anders sein, die Männchen dieser beiden Arten fliegen auf diesen Duft. Dass die Duftstoffe der Blüten chemisch ein klein wenig anders sind als diejenigen der Weibchen, merken die Grabwespen-Männchen nicht. Sie schlüpfen rund zwei Wochen früher als ihre Partnerinnen und haben für solche Feinheiten noch keine Nase. Kaum sehen sie auf der Suche nach der Duftquelle die vermeintlichen Weibchen, landen sie rasch und zielstrebig auf den Blüten und klammern sich fest. Man sollte meinen, selbst ein hormonberauschtes Männchen würde spätestens jetzt den Betrug bemerken, aber die Blüte zieht noch andere Register. Die Behaarung, die das Grabwespen-Männchen spürt, entspricht in Länge und Krümmung exakt derjenigen des Hinterleibes des Weibchens. Das derart mit olfaktorischen, optischen und taktilen Reizen überlistete Männchen kann also gar nicht anders und versucht, das vermeintliche Weibchen zu begatten. Nach einigen Versuchen gibt es auf, aber bis dahin hat es mit seinen

Spinnen-Ragwurz
Ophrys sphegodes
Fliegen-Ragwurz
Ophrys insectifera
Braune Ragwurz
Ophrys fusca
Bertolonis Ragwurz
Ophrys bertolonii
Bienen-Ragwurz
Ophrys apifera
Ophrys scolopax
Wespen-Ragwurz
Ophrys tenthredinifera
Hummel-Ragwurz
Ophrys fuciflora
Bienen-Ragwurz
Ophrys apifera
Johann Brandstetter 2002

zitternden Bewegungen längst ein oder zwei Pollenpakete, sogenannte Pollinien, auf seine Stirn geklebt bekommen. Die Pollinien sitzen auf einem kleinen Stiel, der sich während des Fluges nach unten neigt. Deshalb wird das Grabwespen-Männchen beim nächsten Begattungsversuch, der Pseudokopulation, die Pollinien zielgerichtet auf der Blütennarbe absetzen.

Alle Ragwurzen sind solche Sexualtäuschblumen und für die Fremdbestäubung auf eine oder wenige spezifische Insektenarten angewiesen. Sobald allerdings die Weibchen der Bestäuberarten geschlüpft sind, ist Schluss mit der Täuschung. Dann lassen die Männchen die Ragwurz-Blüten links liegen und wenden sich ausschließlich dem originalen Geschlechtspartner zu. Den Ragwurzen ist das egal, denn sie sind zu diesem Zeitpunkt bereits verblüht und haben die ersten Früchte angesetzt. Wie alle Orchideen haben sie staubfeine Samen, die zu Tausenden in länglichen Fruchtkapseln heranreifen und mit der Luft ausgebreitet werden. Sie besitzen keinerlei Nährgewebe, das den keimenden Embryo mit Nahrung versorgt. Orchideenkeimlinge sind deshalb auf Pilze angewiesen, die ihnen bei der Nährstoffaufnahme helfen. Wo die symbiontischen Pilze im Boden fehlen, können die Keimlinge nicht erfolgreich heranwachsen.

Nicht alle, aber einige Ragwurz-Arten haben Blüten, die Insekten ähneln, so die **Hummel-Ragwurz** *(Ophrys holoserica)* oder die **Braune Ragwurz** *(Ophrys fusca)*. Der blau glänzende Bereich im Zentrum der Blüte, das sogenannte Speculum, erinnert an Insektenflügel und erhöht die Kontrastwirkung und damit Attraktion für die Bestäuber. Der optische Reiz ist jedoch als Lockmittel von eher untergeordneter Bedeutung, die Männchen orientieren sich vor allem am Duft.

Für solch ein Bestäubungssystem müssen die Entwicklungszyklen beider Arten im Jahreslauf, die sogenannte Phänologie, aufeinander abgestimmt sein. Ändert sich die Phänologie einer Art zum Beispiel durch Klimaveränderungen und überschneiden sich das Schlüpfen der Bestäubermännchen und die Blüte der Ragwurzen nicht mehr, kann kein Pollen von einer Blüte auf eine andere gelangen. Das fein austarierte Bestäubungssystem kann dann nicht mehr funktionieren. Wo solche Veränderungen schnell stattfinden, können sich die Arten nicht immer rasch genug anpassen. Der derzeitige Klimawandel ist daher für solche Blüte-Bestäuber-Beziehungen, die sich über Tausende von Jahren entwickelt haben, eine nicht zu unterschätzende Bedrohung.

Allerdings haben für den Fall ausbleibender Fremdbestäubung, den wir schon bei den Glockenblumen kennengelernt haben, auch die Ragwurzen vorgesorgt. Die Blüte kann sich selbst bestäuben. Dazu neigt sich am Ende der Blütezeit das kleine Stielchen, auf dem die Pollinien sitzen, nach unten, und die Pollinien kommen mit der Narbe in Berührung.

Wo die spezifischen Bestäuberinsekten selten sind oder fehlen, was zum Beispiel bei der **Bienen-Ragwurz** *(Ophrys apifera)* in Mitteleuropa der Fall ist, ist Selbstbestäubung sogar meist die Regel. Das funktioniert über einen gewissen Zeitraum, doch ständige Selbstbestäubung ist eine Sackgasse in der Evolution. Zumindest gelegentliche Fremdbestäubung, wie sie bei der Bienen-Ragwurz in Mitteleuropa durchaus vorkommt, ist zur Vermeidung von Inzucht unabdingbar.

Ophrys-Arten wachsen auf Trocken- und Halbtrockenrasen, in lichten Gebüschen, Macchien oder lichten Wäldern auf nährstoffarmen, häufig kalkreichen Böden in warmen, sonnigen Lagen. Zuweilen kommen sie auch auf wechselfeuchten Standorten vor. Zum Beispiel ist die Fliegen-Ragwurz, deren Verbreitung bis in die Mitte Norwegens reicht, im Baltikum vorwiegend an Flachmoor-Standorten zu finden.

Es gibt rund 30 verschiedene Ragwurz-Arten, deren Blüten wie bei vielen Orchideen eine enorme Variabilität auch innerhalb einer Population aufweisen. Allein von der Bienen-Ragwurz wurden 49 verschiedene Unterarten, Formen und Varietäten beschrieben. Sie unterscheiden sich vor allem in der Größe der drei äußeren Kronblätter und in der Form, Färbung und Zeichnung der Lippe, so werden bei den Orchideen die drei inneren, miteinander verwachsenen Kronblätter genannt. Das macht die Bestimmung von Ragwurz-Arten zuweilen recht schwierig – zumal die Arten sich auch untereinander kreuzen können. *Ophrys*-Hybriden sind nicht selten, da manche Bestäuber auf mehrere Ragwurz-Arten fliegen. Wenn zum Beispiel aufgrund eines längeren Winters zwei Arten, die unter normalen Wetterbedingungen nacheinander blühen, in einem Jahr nebeneinander blühen, kann es durchaus passieren, dass bei einem Durcheinander von Pseudokopulationen auf verschiedenen Ragwurzen die Pollinien der einen Art auf die Narbe einer anderen Art gelangen.

Die meisten Ragwurzen sind rund um das Mittelmeer beheimatet, einige kommen ostwärts bis in den Nahen Osten vor. Weit verbreitet sind die Braune Ragwurz *(Ophrys fusca)* und die **Wespen-Ragwurz** *(Ophrys tenthredinifera)*. Das Verbreitungsgebiet der **Schnepfen-Ragwurz** *(Ophrys scolopax)* hingegen beschränkt sich auf das nördliche und das südwestliche Mittelmeergebiet. Die Färbung und Zeichnung ihrer Unterlippe erinnert entfernt an das Gefiedermuster der Waldschnepfe, was ihr zum deutschen Namen verholfen hat. **Bertolinis Ragwurz** *(Ophrys bertolonii)* mit ihren dunklen Unterlippen hat hingegen ein vergleichsweise kleines Verbreitungsgebiet und ist nur in Italien und auf dem westlichen Balkan heimisch.

In Mitteleuropa kommen fünf Ragwurz-Arten vor, neben der bereits erwähnten Fliegen-, Bienen- und Hummel-Ragwurz sind das die **Große Spinnen-Ragwurz** *(Ophrys sphegodes)* sowie die nah verwandte Kleine Spinnen-Ragwurz *(Ophrys araneola)*. Letztere wird erst in jüngerer Zeit als eigenständige Art betrachtet.

Alle unsere heimischen Arten bilden im Spätsommer oder Herbst eine Winterrosette, deren kräftige Blätter den ganzen Winter über grün bleiben. Lediglich bei starken Kahlfrösten erfrieren die Blätter, im folgenden Sommer werden die betroffenen Pflanzen nicht blühen. Insbesondere die Bienen- und die Hummel-Ragwurz scheinen vom wärmeren Wetter der letzten Jahrzehnte zu profitieren, denn es wird beobachtet, wie sie sich langsam nach Norden hin ausbreiten.

Nicht nur die Ragwurzen führen ihre Bestäuber sprichwörtlich an der Nase herum. Auch andere Orchideen-Arten sichern sich eine Insektenbestäubung, ohne dafür eine Gegenleistung zu erbringen. Allerdings geschieht dies in den meisten Fällen auf weniger spektakuläre Art und Weise, indem den Bestäubern einfach mit überaus attraktiven Blütenfarben und -formen eine reiche Nahrungsquelle vorgegaukelt wird. So hat die **Kugelorchis** *(Traunsteinera globosa)* einen kompakten, leuchtend rosaroten Blütenstand, aber keinerlei Nektar.

Die meisten Täuschblumen blühen früh im Jahr, denn dann ist das Nektarangebot überschaubar. Insekten lernen schnell und wissen nach ein paar Blütenbesuchen, bei welchen Blüten ein Besuch lohnt und bei welchen nicht. Die Kugelorchis blüht aber im Juli und August, also zu einem Zeitpunkt, an dem die Bestäuber einen reich gedeckten Tisch vorfinden und die zufällige Bestäubung einer Täuschblume unwahrscheinlicher scheint als im blütenarmen Frühjahr. Das funktioniert nach Untersuchungen in der Schweiz dort am besten, wo neben der Kugelorchis auch viel Rot-Klee wächst und sich dessen Bestäuber – Bienen, Hummeln und Schmetterlinge – zwischendurch auch mal auf einer Kugelorchis niederlassen. In einer in Österreich und der Slowakei durchgeführten Studie wurde beobachtet, dass vor allem Fliegen auf die Kugelorchis fliegen, also Bestäuber, die nicht bestimmte Blüten bevorzugt aufsuchen. Ein schönes Beispiel dafür, dass sich die Beziehungen zwischen Blütenpflanze und Bestäuber regional durchaus unterscheiden können.

Von Ziegenböcken und hohlen Zungen

Wie die Ragwurzen bildet auch die mit bis zu 80 Zentimeter Höhe stattlichste mitteleuropäische Orchidee, die **Bocks-Riemenzunge** *(Himantoglossum hircinum)*, im Herbst Winterrosetten aus. Sie wächst lediglich in den wärmsten Regionen Mitteleuropas und hat nur nach milden Wintern eine reiche Blüte. Angesichts der steigenden Temperaturen breitet auch sie sich allmählich nach Norden aus. Vorausgesetzt, ihre seltenen und gefährdeten Habitate – steinige, magere Trockenrasen auf kalkhaltigem und lehmigem Boden, lichte Waldsäume und sogar Straßenböschungen – bleiben erhalten und werden weder gedüngt noch der Sukzession überlassen. Wenn ihre Habitate nicht mehr zum richtigen Zeitpunkt mit einer schonenden Beweidung oder angepassten Mahd gepflegt werden, wird auch diese beeindruckende heimische Orchideenart verloren gehen.

Doch nicht nur die milderen Winter sorgen dafür, dass sich die Art bei uns zunehmend heimisch fühlt. Es hat sich in Frankreich auch eine Unterart entwickelt, die an die kalten, frostigen Winter Mitteleuropas angepasst ist: die Spätblühende Bocks-Riemenzunge (*Himantoglossum hircinum* var. *aestivalis*). Auch sie bildet Winterrosetten, ihre neuen Frühlingsblätter beginnen aber erst rund vier Wochen später auszutreiben und sind daher vor Spätfrösten geschützt. Die Blütezeit beginnt ebenfalls rund vier Wochen später. Die kälteangepasste Unterart unterscheidet sich zudem durch schmalere Blätter und einen lockereren Blütenstand.

Der wissenschaftliche Gattungsname ist griechischen Ursprungs und bezieht sich auf die bis zu sieben Zentimeter lange, ausgezogene Blüten-Unterlippe: *himas* ist der Riemen und *glossa* die Zunge – der deutsche Gattungsname ist also einfach seine Übersetzung. Der Artname *hircinum* ist ein lateinisches Wort und beschreibt den Geruch der Blüten: Sie riechen nach Ziegenbock.

Grüne Hohlzunge
Coeloglossum viride
Korallenwurz
Corallorhiza trifida
Bocks-Riemenzunge
Himantoglossum hircinum
Pyramiden-Spitzorchis
Anacamptis pyramidalis
Johann Brandstetter 2002

Eine andere Orchidee hingegen ist sehr unscheinbar und als konkurrenzschwache Art in den Mittelgebirgen inzwischen sehr selten geworden: die **Grüne Hohlzunge** *(Coeloglossum viride)*. Sie ist in Mitteleuropa nur noch auf nährstoffarmen Bergwiesen der Alpen häufig zu finden. Im Trentino hält sie mit einem Wuchsort auf 3159 Metern Meereshöhe den Höhenrekord der europäischen Orchideen! Die duftenden Blüten der 5 bis 30 Zentimeter hohen Art werden durch Käfer, Bienen und Hummeln bestäubt.

Tropische Schönheiten ziehen gen Norden

Nicht nur Bienen-Ragwurz und Bocks-Riemenzunge profitieren in Mitteleuropa vom Klimawandel. Seit den 1970er-Jahren wird einer der schönsten und buntesten heimischen Vögel immer häufiger: der **Bienenfresser** *(Merops apiaster)*. Eine Begegnung mit ihm an einem heißen Sommertag kündigt er meist mit seinem charakteristischen Ruf an. Es ist ein weiches, lang gezogenes Zwitschern, das einen sofort in den Himmel blicken lässt. Da gleitet er zur Sitzwarte auf einem Strauch oder einem Telefonmast, und kurz ist seine klare Silhouette zu erkennen mit den dreieckigen Flügeln und dem langen, schmalen Schwanz, über den im Flug die Füße hinausragen. Kaum, dass er sich gesetzt hat, wähnt man sich in den Tropen: Brust und Bauch türkisblau, die Kehle gelb, Kopf, Nacken und Flügeloberseite rotbraun, Augenstreif schwarz – dazwischen Weiß und Partien mit einem Feuerwerk aus den genannten Farben.

Im Mai ziehen die Tiere in Familienverbänden aus dem südlichen Afrika zu uns, dabei hat sich ihre witterungsbedingte Ankunftszeit seit der Jahrtausendwende um zwei Wochen nach vorne verschoben. Sie brüten in Kolonien in Steilwänden, zum Beispiel in Lösswänden an Flussufern oder in vom Menschen geschaffenen Habitaten wie Hohlwegen, Sand- oder Kiesgruben. Dort graben sie ihre 1 bis 1,5 Meter langen Brutröhren, die sie gerne jedes Jahr wieder aufs Neue beziehen. Etwa fünf bis acht Eier legt das Weibchen, aus denen nach drei Wochen die Jungen schlüpfen. Beide Partner versorgen die Jungtiere weitere drei bis vier Wochen, dann sind die Jungen flügge und bald in der Lage, für sich selbst zu sorgen.

Bienenfresser ernähren sich nicht nur von Bienen, die sie genauso wie Wespen mit dem Schnabel an Äste schlagen, um sie zu töten und den Giftstachel abzureißen. Viele andere Insekten gehören zu ihrem Speiseplan: Libellen, Schmetterlinge oder Käfer. Ein ausreichend großes Insektenangebot findet der Bienenfresser nur in strukturreichen Landschaften, die sich durch blütenreiche Wiesen und Brachen, Gebüschsäume und Gewässer auszeichnen, so in unseren wärmsten und trockensten Regionen wie dem Breisgau, dem mitteldeutschen Trockengebiet im Regenschatten des Harzes, oder dem Burgenland in Österreich.

Zwischen Spätsommer und Herbstbeginn verlassen die Tiere Mitteleuropa Richtung Afrika. Wie sie im Einzelnen ziehen, ist noch nicht erforscht – ein Teil der Bienenfresser überwintert im südöstlichen Afrika von Kenia bis nach Südafrika, ein anderer Teil zwischen Senegal und Ghana. Die Sahara wird wahrscheinlich in einer Nacht überflogen.

Wenn sie im nächsten Frühling zurückkehren, wird ein Teil der Vögel ein Stück weiter nordwärts neue Brutgebiete suchen. Derzeit beobachten Ornithologen eine jährliche Verschiebung des Brutareals um etwa einen Kilometer nach Norden, das entspricht ungefähr der durchschnittlichen Verschiebung der 12-°C-Juli-Isotherme. Es ist also zu erwarten, dass der Bienenfresser sich mit dem Klimawandel weiter stetig nach Norden ausbreitet, vorausgesetzt, er findet passende Habitate mit geeigneten Brutstätten und ausreichender Nahrungsgrundlage.

Bienenfresser
Merops apiaster
Johann Brandstetter

Nasse Füße, bunte Blüte – unsere Feuchtwiesen

Deutlich später als auf den sonnenwarmen Hängen der Halbtrockenrasen beginnt die Frühjahrsblüte auf den feuchten Wiesen der Niederungen. Zu den ersten Blüten hier gehören diejenigen der **Schachblume** *(Fritillaria meleagris)*. Das zarte Muster auf den Blütenblättern mit kleinen hellen und dunklen Quadraten hat der Art zu ihrem deutschen Namen verholfen. Schachblumen haben eine recht kurze Blütezeit von vier bis sechs Tagen. Ihre rund 30 Zentimeter langen Blütenstängel ragen über das zu diesem Zeitpunkt noch niedrige Gras hinaus und sind damit für die Bestäuber gut sichtbar und gut anzufliegen. Vorrangig werden die Blüten von Hummeln besucht, die als robuste Insekten auch mit den niedrigen Temperaturen des zeitigen Frühjahrs klarkommen. Aber auch einige Bienen suchen die Schachblumen auf und laden dabei ordentlich Pollen auf ihren Körper – auf einer Gemeinen Furchenbiene *(Lasioglossum calceatum)* in Polen wurden fast 15 000 Schachblumen-Pollen gezählt! Einzelne Hummeln schafften es in dieser Studie immerhin auf bis zu 8500 Pollen auf dem Rücken.

Während der Fruchtreife wächst der Stängel um rund 20 Zentimeter weiter und sorgt dafür, dass auch die Frucht höher als die umliegende Vegetation ist. Das wiederum begünstigt die Ausbreitung der Samen, deren häutiger Rand dafür sorgt, dass sie mit dem Wind einige Meter weit fliegen können. Ist die Wiese überschwemmt, schwimmen die Samen auf dem Wasser fort. Mit der Anpassung an Wind- und Wasserausbreitung sind sie also bestens gerüstet, um an neue Wuchsorte zu gelangen.

Nicht alle Schachblumen-Knollen treiben in jedem Frühjahr aufs Neue aus, einige machen zuweilen eine Pause von ein oder zwei, manchmal sogar bis zu sieben Jahren. Dieses Phänomen der Dormanz, wie das Überbrücken einer oder mehrerer Vegetationsperioden bei Pflanzen genannt wird, ist erst in jüngerer Zeit in den Fokus der Botaniker gerückt und noch vergleichsweise wenig erforscht.

Schachblume (*Fritillaria meleagris*)

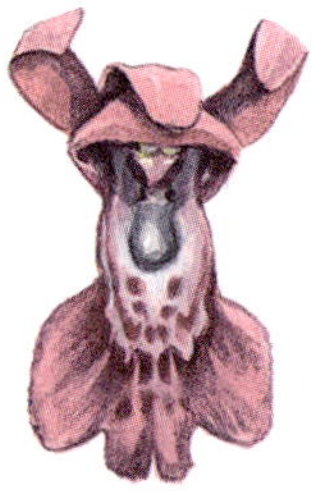

Wo die Schachblume wächst, lohnt es sich, etwas später im Jahr, etwa ab Mitte Mai, nach Orchideen Ausschau zu halten: Das **Breitblättrige Knabenkraut** *(Dactylorhiza majalis)* ist eine typische Pflanze nährstoffarmer bis schwach nährstoffreicher Feuchtwiesen und -weiden. Die Art, die früher in ganz Mitteleuropa weit verbreitet und sehr häufig war, ist auch heute noch eine der häufigsten heimischen Orchideen. Allerdings ist sie auch diejenige Orchideenart, die über das gesamte Verbreitungsgebiet in den letzten 20 Jahren die größten Verluste verzeichnet. Und das Sterben geht weiter. Die Gründe hierfür sind immer die gleichen: Nährstoffeinträge in die Flächen, vor allem aus Massentierhaltung und intensiver Mineraldüngernutzung, sowie Entwässerung von Feuchtgebieten zwecks Gewinnung von Acker- oder Grünland.

Wie die Kugelorchis zählt das Breitblättrige Knabenkraut zu den Nektartäuschblumen. Der kräftige Sporn, in dem sich bei anderen Blüten der Nektar befindet, ist bei den Knabenkräutern leer. Aber zur frühen Blütezeit des Breitblättrigen Knabenkrautes ist das Nahrungsangebot für Blüten besuchende Insekten noch derart rar, dass die üppig blühenden Blütenstände trotz fehlender Belohnung immer wieder angeflogen werden.

Wenn das Breitblättrige Knabenkraut am Verblühen ist, öffnen sich die Blüten des **Fleischfarbenen Knabenkrautes** *(Dactylorhiza incarnata)* und des **Helm-Knabenkrautes** *(Orchis militaris)*. Beide kommen zuweilen zusammen mit dem Breitblättrigen Knabenkraut vor. Dabei bevorzugt das Fleischfarbene Knabenkraut grundwassernahe Senken, die durchaus auch mal überschwemmt sein können, während das Helm-Knabenkraut eher an trockeneren Randbereichen der Wiesen wächst.

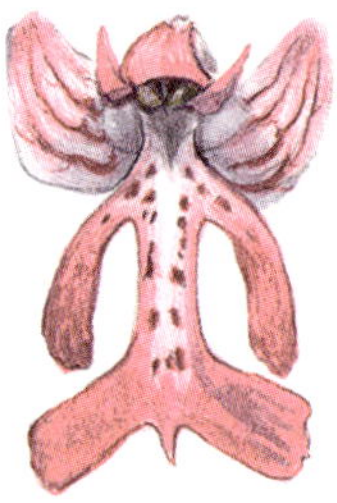

Unter optimalen Bedingungen können Breitblättriges und Fleischfarbenes Knabenkraut Populationen von mehreren Tausend Individuen aufbauen. Das stattliche Helm-Knabenkraut hingegen wächst meistens nur vereinzelt hier und da in kleineren Beständen. Es ist an den rosafarbenen oberen Blütenblättern, die sich helmförmig um und über den unteren Teil der Blüte neigen, gut zu erkennen, blüht von Mai bis Juni und wird durch Hummeln bestäubt. Die Art wird aufgrund ihrer schwach giftigen Inhaltsstoffe vom Weidevieh gemieden.

Die Blätter des **Gefleckten Knabenkrautes** *(Dactylorhiza maculata)* ähneln denen des Breitblättrigen Knabenkrautes. Das Gefleckte Knabenkraut blüht allerdings deutlich später im Jahr, etwas ab Mitte bis Ende Juni, und bevorzugt meist etwas andere Standorte. Die weniger lichtbedürftige Art wächst gerne am Rand von Lichtungen, an gemähten Waldsäumen und auf Böschungen von Straßen und Forstwegen. Die Gattungsnamen Knabenkraut beziehungsweise *Orchis* (griech. für Hoden) leiten sich von den Knollen ab. In den Knollen lagern die Pflanzen nach der Blüte Nährstoffe ein, um im nächsten Früh-

Helm-Knabenkraut
Orchis militaris
Geflecktes Knabenkraut
Dactylorhiza maculata
Fleischfarbiges Knabenkraut
Dactylorhiza incarnata
Breitblätteriges Knabenkraut
Dactylorhiza majalis
Helm-Knabenkraut
Orchis militaris
Breitblätteriges Knabenkraut
Dactylorhiza majalis
Johann Brandstetter 2002

jahr ausreichend Reserven für den Neuaustrieb zu haben. Bei den Knabenkräutern liegt zur Blütezeit die Knolle vom Vorjahr neben der diesjährigen Knolle, und Form und Lage der Knollen erinnern an die Hoden kleiner Jungen.

Wenn der Kuckuck ruft, beginnt die Blütezeit der **Kuckucks-Lichtnelken** *(Lychnis flos-cuculi)*. Mit ihren tief geteilten, rosaroten, zarten Kronblättern, die von Schmetterlingen, Fliegen und Bienen aufgesucht werden, ist die Art unverwechselbar. Ihre feinen Samen wachsen in Kapseln heran, die bei Reife trocknen und sich an der Spitze öffnen. Streicht nun der Wind über die Pflanzen und gerät der Stängel ins Schwanken, werden die Samen ausgestreut. Wie viele andere Wiesenpflanzen setzt die Kuckucks-Lichtnelke für die Vermehrung nicht nur auf Samen. Sie bildet im Lauf der Zeit zahlreiche Tochterrosetten, die zu eigenständigen Pflanzen heranwachsen können.

Die Kuckucks-Lichtnelke ist ein weit verbreiteter Frühjahrsblüher, der jedoch zusehends seltener wird. Um diesem Trend Einhalt zu gebieten, wird hier und da versucht, Intensivgrünland aufzuwerten und wieder in artenreiche Feuchtwiesen umzuwandeln. Dazu müssen als Erstes Entwässerungsgräben zugeschüttet werden, um den natürlichen Wasserhaushalt der Flächen wiederherzustellen. Denn wenn der Boden ausreichend durchfeuchtet ist, werden die Pflanzen auch in Zeiten des Klimawandels das eine oder andere Dürrejahr problemlos überstehen können. Häufig ist es auch notwendig, den überdüngten Oberboden abzutragen, denn nur so kann der Dominanz von Ausläufer bildenden Gräsern Einhalt geboten und krautigen Pflanzen genügend Raum zum Wachsen gegeben werden. Solch radikale Maßnahmen verwirren immer wieder – wie ist das großflächige Abbaggern einer Wiese mit Naturschutz in Verbindung zu bringen? Aber der Erfolg gibt genau diesen Maßnahmen recht: Immer wieder überraschen zunächst zerstört wirkende Flächen nach wenigen Jahren mit einer überbordenden Blütenpracht. Vorausgesetzt, im Boden finden sich noch genügend keimfähige Samen der ursprünglichen Wiesenvegetation. Wo das nicht der Fall ist, wird die natürliche Entwicklung mit der Einsaat geeigneter Pflanzenarten unterstützt. Solche Einsaaten dürfen stets nur mit Saatgut erfolgen, das von heimischen Arten aus der jeweiligen Region stammt. So soll sichergestellt werden, dass die Pflanzen, die angesät werden, optimal an die lokalen Standortbedingungen angepasst sind.

Die Kuckucks-Lichtnelke ist eine typische Art solcher Regiosaatgut-Mischungen für Feuchtwiesen. Die recht anspruchslose Art lässt sich einfach in gärtnerischer Kultur vermehren und hat mit 150 Samen pro Fruchtkapsel einen reichen Samenertrag. Ihre Samen laufen gut auf, und sie wächst problemlos an.

Die Kuckucks-Lichtnelke kann übrigens nach der sommerlichen Mahd wieder austreiben und dann noch einmal bis in den Herbst hinein blühen. Der Kuckuck ist dann schon längst auf der Reise in seine Überwinterungsgebiete im zentralen Afrika.

Gib mir einen Korb – Vielfalt der Korbblütler

Eine unserer häufigsten Wiesenpflanzen ist die **Wiesen-Schafgarbe** *(Achillea millefolium)*, die selbst auf überdüngten Flächen noch zu finden ist. Schafe verschmähen die Pflanzen wegen ihrer ätherischen Öle, deshalb bleiben die etwa 50 bis 70 Zentimeter hohen Blütenstände auf Schafweiden ähnlich wie Erntegarben auf einem Feld stehen. Die Schafgarbe zählt zu den Korbblütlern. Ihre Blütenstände sind sehr klein, und ein kleiner Blütenstand wird kaum effektiv Insekten anlocken. Deshalb stehen bei der Schafgarbe zahlreiche Blütenstände in einem übergeordneten Blütenstand zusammen, der mit einem Durchmesser von gut fünf Zentimetern die gewünschte Schauwirkung erzielt. Die kleinen Blüten werden von vielen Insekten besucht, denn der Nektar ist leicht erreichbar.

Auch der **Wiesen-Bocksbart** *(Tragopogon pratensis)*, der auf nährstoffreicheren Wiesen und an Wegrändern wächst, ist ein Korbblütler. Hier stehen die Blütenköpfchen, die von 20 bis 50 gelben Zungenblüten gebildet werden, stets einzeln am Ende eines Stängels. Sie blühen am Vormittag auf und sind nachmittags gegen 14 Uhr bereits wieder geschlossen. So kann man diese an sich recht stattliche Art leicht übersehen, zumal sich die langen, lanzettlichen Blätter optisch nicht sonderlich von denen der umliegenden Gräser abheben. Anders sieht es aus, wenn der Fruchtstand des Wiesen-Bocksbartes reif ist und sich bei trockenem Wetter öffnet: Er gleicht dem des Löwenzahns, ist aber mit rund zehn Zentimeter Durchmesser deutlich größer. Wie beim Löwenzahn hängt die einzelne Frucht an einem Schirmchen, dem sogenannten Pappus, dem zum typischen Flugorgan umgewandelten Blütenkelch. Von den einzelnen Strahlen der Schirmchen gehen feine Pappushaare ab, die gleichmäßig miteinander verwoben sind. Mithilfe technischer Messungen konnte nachgewiesen werden, dass die Schirmchen einen optimalen Auftrieb bei gleichzeitig möglichst geringem Gewicht haben. Hier liegt also ein fein austariertes Verhältnis von minimalem Materialeinsatz und maximaler potenzieller Flugweite vor.

Wer heute eines der wenigen **Arnika**-Vorkommen *(Arnica montana)* im Tiefland entdeckt, wird verwundert sein, gilt die Arnika, die auch unter dem Namen Bergwohlverleih bekannt ist, doch als typische Blume der Mittelgebirge und der Alpen. Aber es ist nicht lange her, da blühte auf vielen Wiesen und Weiden des mitteleuropäischen Tieflandes diese Art, deren auffällige orangegelbe Blütenstände gerne von verschiedenen Schmetterlingen, aber auch vielen Fliegen- und Bienenarten aufgesucht werden. Eine schwache Beweidung der Wiesen nach der Fruchtreife fördert die Art. Zum einen schaffen die Weidetiere durch ihren Tritt offenen Boden, in dem die Arnika-Samen wie auch die Samen anderer Kräuter ein Keimbett finden. Zum anderen frisst das Vieh lieber andere Arten und hält so die Konkurrenten der Arnika in Schach.

Die Arnika, zu ihrer Blütezeit im Juni eine Zierde nährstoffarmer, wechselfeuchter Wiesen und Weiden, gilt noch heute als eine der wichtigsten heimischen Arzneipflanzen. Die Blütenstände werden seit alters für Tinkturen und Salben verwendet, die äußerlich bei Verletzungen jeglicher Art eingesetzt werden. Das Sammeln zur Herstellung von Arzneimitteln hat in manchen Regionen Europas zum Rückgang der Art geführt. Viel fataler jedoch ist die immer noch anhaltende Zerstörung ihrer Lebensräume durch Ausbringen von Gülle und Mineraldünger oder die Absenkung des Grundwasserspiegels. Durch die Düngung werden konkurrenzstarke Arten gefördert, die die Arnika überwuchern. Sinkt der Grundwasserspiegel, kann sich die Arnika trotz tief reichender Wurzeln nicht mehr mit genügend Wasser versorgen. Die Folgen sind dramatisch. Die meisten Arnika-Vorkommen des Tieflandes sind erloschen, und in den Mittelgebirgen, wo sie einst eine charakteristische Art der Bergwiesen war, gehen sie stetig zurück. Hier wachsen vitale Bestände nur noch auf ungedüngten Wiesen, die von engagierten Bauern und Naturschützern regelmäßig gemäht werden.

Angesichts der Tatsache, dass die Arnika ihren Verbreitungsschwerpunkt in Mitteleuropa hat, gibt es zahlreiche und bereits auch erfolgreiche Versuche, vorhandene kleine Arnika-Bestände im Tiefland und in den Mittelgebirgen zu stützen oder neue Populationen zu etablieren. Dazu dienen stets ausschließlich Samen oder Jungpflanzen benachbarter Bestände. Somit wird wie beim Regiosaatgut sichergestellt, dass die Pflanzen an die jeweils regionalen Standortbedingungen wie beispielsweise die Bodenbeschaffenheit oder das lokale Klima optimal angepasst sind. Samen oder Jungpflanzen von Arnika-Beständen aus den Alpen, wo die Art noch verbreitet und lokal häufig ist, sind für Ansiedlungen in tieferen Lagen nicht geeignet, denn die alpinen Pflanzen haben sich in den vergangenen Jahrtausenden eigenständig entwickelt. Anhand molekulargenetischer Merkmale lassen sich die Arnika-Pflanzen des Alpenraumes von denen der Mittelgebirge und des Tieflandes eindeutig differenzieren.

Versteckt im Gras – unsere Wiesenbrüter

Ungedüngte oder wenig gedüngte, blütenreiche Wiesen sind der Lebensraum vieler Vogelarten. Wiesenbrüter benötigen für den Zeitraum der Brut – das Nest wird im Schutz der Vegetation auf dem Boden angelegt – ungestörte Flächen und ein reiches Insektenangebot. Letzteres wiederum hängt von einer hohen Vielfalt an Blütenpflanzen ab, die den Insekten Nahrung und Schutz bieten.

Einer unserer charakteristischen Wiesenbrüter ist der **Kiebitz** *(Vanellus vanellus)*, der auf feuchten Wiesen und Weiden der Niederungen, auf den Marschwiesen an der Küste, in Heiden und in Mooren brütet. Sein unverwechselbarer Ruf «Ki-witt» hat ihm zu seinem Namen verholfen. Bei den Kiebitzen ist es das Männchen, das zunächst mehrere Nester baut. Das Weibchen sucht sich eines aus und legt vier Eier hinein. Wie bei den meisten Wiesenbrütern werden die Eier drei bis vier Wochen von beiden Eltern bebrütet, und die Jungen verlassen als Nestflüchter gleich nach dem Schlupf das Nest. Sie werden von den Eltern noch einen guten Monat versorgt, dann sind sie flügge und haben gelernt, wie man Insekten und andere wirbellose Tiere fängt. Zum Beispiel mithilfe des Fußtrillerns: Dabei klopfen die Vögel schnell auf den Boden und ahmen so Regen nach – ein wirkungsvolles Mittel, um Regenwürmer aus dem Boden zu locken. Im Herbst sammeln sich die Tiere in großen Schwärmen, um in ihre Überwinterungsgebiete im westlichen und südlichen Europa oder in Asien zu fliegen. Doch die herbstlichen Kiebitz-Schwärme werden immer kleiner. Die Art steht bereits auf der Liste der weltweit gefährdeten Arten.

Auch ein weiterer Wiesenvogel, der **Große Brachvogel** *(Numenius arquata)*, ist bei uns zunehmend gefährdet. Er ist mit 60 Zentimeter Körpergröße und einer Flügelspannweite bis zu einem Meter unser größter Schnepfenvogel. Mit seiner braun-hellbeigen Musterung ist der seltene Brutvogel bestens getarnt. Das trifft auch auf die zwei bis fünf gesprenkelten Eier zu, die das Weibchen ins Nest am Boden legt.

Die europäischen Tiere sind Standvögel oder Kurzstreckenzieher. Jüngste Untersuchungen zeigen, dass die süddeutschen Tiere im Südwesten Europas und im Nordwesten Afrikas überwintern. Sie machen sich im Juli auf den Weg, dann ist ihr nächtliches melodisches Flöten zuweilen sogar in Großstädten zu hören. Wie viele eigentlich tagaktive Vögel ziehen sie gerne im Schutz der Nacht. Zum einen sind sie nachts vor tagaktiven Greifvögeln geschützt, zum anderen sind nachts die Turbulenzen in der Luft geringer.

Nordeuropäische Vögel ziehen ab Juni ins westliche Europa von Großbritannien bis nach Nordafrika. Viele bleiben aber auch im Wattenmeer an der Nordsee, wo sie ein reiches Nahrungsangebot vorfinden. Der Große Brachvogel muss hier seine Nahrung nicht mit Konkurrenten teilen. Mit seinem langen Schnabel kann er weitaus tiefer aus dem Wattboden Krebstiere und andere Kleintiere holen als seine Verwandten mit ihren kürzeren Schnäbeln.

Großer Brachvogel
(Numenius arquata) LINNAEUS, 1758
In Deutschland war der große Brachvogel im Jahre 1982 Vogel des Jahres.
Nest mit Eier

Sind schon die akrobatischen Balzflüge des Kiebitzes beeindruckend, werden sie von der Balz des **Kampfläufers** *(Calidris pugnax)* noch übertroffen. Während die Weibchen schlicht gefärbt und damit gut getarnt sind, tragen die Männchen im Prachtkleid ein buntes und individuell sehr verschiedenes Gefieder. Brust und Nacken können orange, blauschwarz, braun oder selten auch weiß sein.

Ab Ende April, direkt nach der Rückkehr aus den Überwinterungsgebieten im südlichen Afrika und Asien, beginnen die Männchen an immer den gleichen Plätzen, kleinen «Arenen» von ein bis zwei Meter Durchmesser, mit einem wilden Tanz. Dieser Tanz ist eine Mischung aus Imponierverhalten, Drohen, Vertreiben rangniedrigerer Männchen und auch Zweikämpfen, die in der Regel verletzungsfrei ausgehen. Beim Ausfechten der Rangordnung spielt nicht nur die Stärke, sondern auch die Farbe des Kragens eine Rolle – Männchen mit dunklem Kragen versuchen, einander zu vertreiben, Männchen mit hellem Kragen werden eher geduldet. Das ganze Gehabe findet mit oder ohne Weibchen als Zuschauer statt, die allerdings irgendwann vom Farbenspiel ihrer Geschlechtspartner angelockt werden. Die Weibchen wählen den Partner, allerdings ist das nicht immer derjenige, der beim Kampf die Oberhand gewinnt, sondern zuweilen auch ein Männchen mit hellem Kragen oder ein sehr seltenes Männchen im Schlichtkleid, das quasi undercover ebenfalls das Treiben beobachtet. Nach der Paarung legt das Weibchen drei bis vier Eier, die es drei Wochen lang alleine bebrütet. Währenddessen schließen sich die Männchen in kleinen Gruppen zusammen, zu denen Ende Juli die Weibchen mit den dann flüggen Jungen dazustoßen.

Kampfläufer brüten vor allem und zahlreich in den Weiten der skandinavischen und sibirischen Tundra, aber auch in Zentraleuropa auf feuchten Wiesen und in Niedermooren. Deutschland, Polen und Ungarn liegen mit wenigen, streng geschützten Brutpaaren am südlichen Rand des Verbreitungsgebietes. Es bleibt abzuwarten, wie lange hier noch die einzigartige Balz des Kampfläufers beobachtet werden kann, denn Wissenschaftler erwarten, dass sich sein Verbreitungsgebiet aufgrund des Klimawandels nach Norden verschieben wird.

Auch einer der größten Vögel Mitteleuropas, die **Großtrappe** *(Otis tarda)*, beeindruckt nicht nur seine Weibchen, sondern auch den Vogelbeobachter durch seine spektakuläre Balz. Nachdem die Männchen ihre Rangordnung ausgefochten haben, drehen sie ihr Gefieder um, sodass die weiße Unterseite der sonst gut getarnten Vögel zu sehen ist. Zusätzlich plustern sie ihre Halsfedern auf. Die Balz- und Nistplätze nutzen die standorttreuen Vögel jedes Jahr. Die zwei bis drei Eier werden knapp vier Wochen lang von den Weibchen bebrütet.

Die Männchen werden gut einen Meter groß und können eine Flügelspannweite von knapp 2,5 Metern erreichen. Mit 20 Kilogramm Körpergewicht gehören sie weltweit zu den schwersten flugfähigen Vögeln. Die Weibchen bleiben mit einem Gewicht von gut fünf Kilogramm bedeutend kleiner und leichter. Der Steppenvogel, dessen Verbreitungsgebiet von Nordafrika über Spanien und Europa ostwärts bis in die Mongolei reicht, benötigt offene, sehr großflächige und strukturreiche Habitate mit einem vielfältigen Nahrungsangebot. Die Tiere fressen pflanzliche Nahrung genauso wie Wirbellose und Kleinsäuger. Ihre Küken, die als Nestflüchter nach dem Schlupf das Nest sofort verlassen, füttern sie zwei bis drei Wochen mit Insekten. Die Jungtiere sind nach einem Monat selbstständig und können mit knapp drei Monaten fliegen. Bei Gefahr drücken sie sich an den Boden und fliehen nicht – und werden schnell Opfer maschineller Ernteverfahren.

Die größten europäischen Trappen-Vorkommen liegen in der Extremadura in Spanien. In Mitteleuropa hat die Trappe ihren Verbreitungsschwerpunkt in Ungarn, daneben gibt es noch isolierte Vorkommen in Deutschland und Österreich und seit Kurzem wieder in Tschechien. Hier zeigen die aufwendigen Schutzmaßnahmen für die stark bedrohte Art Erfolg: Dazu gehören die Verlegung von Stromleitungen unter die Erde, die Markierung von Hochspannungsleitungen, die Entbuschung der Lebensräume sowie der Verzicht auf Windkraftanlagen, Mais- und Sonnenblumen-Anbau. Von wesentlicher Bedeutung ist eine Bewirtschaftung, die an die Lebensraumansprüche der Trappen angepasst ist, so die Anlagen von Brache- und Futterstreifen für die Tiere, ein Getreide- und Rapsanbau ohne Pestizide und ohne Befahrung zwischen Bestellung und Ernte sowie eine Düngung ohne Mineraldünger, Klärschlamm oder Gülle.

Großtrappe

Otis tarda

Einst Sinnbild des Sommers: Schmetterlingswiesen

Bereits früh im Jahr und bis in den Herbst hinein blüht die **Acker-Witwenblume** *(Knautia arvensis)*, die zu den Kardengewächsen gehört und mit ihren hellviolett-rosa Blütenständen gut zu erkennen ist. Ihre Blütenfarbe lockt vor allem zahlreiche Tagfalter an, für die die Acker-Witwenblume eine beliebte und wichtige Nektarquelle ist. Im Gegensatz zu Bienen können Tagfalter Rottöne wahrnehmen. Eine typische Tagfalterblume ist zudem recht zart und aufrecht, ihr zuckerreicher Nektar ist in der bis zu vier Zentimeter langen Kronröhre oder einem entsprechend langen Sporn verborgen, sie duftet leicht und blüht am Morgen auf.

Dort, wo es in den Mittelgebirgen und Alpen fernab industrieller Landwirtschaft noch von Insektiziden unbeeinflusste und artenreiche Wiesen gibt, kann man auf einem Blütenstand gleich drei oder vier Schmetterlingsarten gleichzeitig beobachten. Meist sind auch Widderchen wie zum Beispiel das **Esparsetten-** oder **Krainische Widderchen** *(Zygaena carniolica)* dabei. Widderchen sind an ihren keulig verdickten Fühlern und den charakteristisch länglichen und häufig mit grellroten Mustern versehenen Vorderflügeln zu erkennen. Die rote Signalfarbe ist Fressfeinden eine Warnung, denn die Blutströpfchen, wie diese Schmetterlingsgruppe auch genannt wird, sind aufgrund cyanidhaltiger Verbindungen giftig.

Auch der **Schachbrettfalter** *(Melanargia galathea)* saugt gerne an den nektarreichen Blütenständen. Sein deutscher Name bezieht sich auf die fast karierte schwarz-weiße Flügelzeichnung. Seine Raupen ernähren sich wie bei allen unseren Augenfaltern von Gräsern. Deshalb können es sich die Augenfalter-Weibchen bei der Eiablage recht einfach machen: Im Gegensatz zu anderen Schmetterlingsweibchen, die gezielt die Nahrungspflanzen ihrer Raupen anfliegen und dazu noch auf die richtigen mikroklimatischen Bedingungen bei der Eiablage achten müssen, lassen Schachbrett- und Augenfalter-Weibchen ihre Eier einfach ins Gras fallen. Die Raupen werden keine Probleme haben, an ihr Futter zu gelangen – Gräser sind die dominierende Pflanzenfamilie der Wiesen und Weiden.

Ohne Moos nichts los – das Phänomen Kalktuff

An einer übermoosten Böschung tritt Quellwasser aus und rieselt in einen kleinen Bach. Wie immer lohnt es sich, solche Sonderstandorte genauer zu betrachten – insbesondere in einem Kalkgebiet. Denn dort kann es an Quellen unter bestimmten hydrologischen, geologischen und klimatischen Voraussetzungen zur Bildung eines besonderen Gesteins kommen, des Kalktuffs. Kalktuff entsteht, wenn beim Austritt aus der Quelle das im Quellwasser gelöste Kohlendioxid durch Druckveränderung und Temperaturerhöhung als Gas entweicht und daraufhin Kalk, chemisch Kalziumkarbonat ($CaCO_3$), ausfällt. Der Kalk schlägt sich als feine, helle, kristalline Kruste nicht nur auf dem Boden, auf Steinen und Wurzeln nieder, sondern auch auf der Oberfläche der an der Quelle wachsenden Moose und Algen. Die Pflanzen fördern die Kalkausfällung noch, indem sie durch ihre Fotosynthese dem Wasser zusätzlich Kohlendioxid entziehen.

Pflanzen der Kalkquellfluren sind an die ständige Überkrustung angepasst. Entkalker haben sie nicht nötig, sie können die Kalkkrusten einfach überwachsen. So wächst das **Farnähnliche Starknervmoos** *(Cratoneuron filicinum)* wie viele Moose mit seinen Stämmchen und Ästchen einfach weiter, während die unteren, älteren Teile der Pflanze absterben. Der deutsche Name beschreibt zwei wesentliche Merkmale dieser Art: Ihre regelmäßig verzweigten Ästchen erinnern an Farnwedel, und ihre kleinen, sichelartig gekrümmten Blättchen haben einen kräftigen Mittelnerv, der mit einer guten Lupe zu erkennen ist. Die Art kommt nicht nur in Kalkquellen vor, sondern wächst auch auf morschem Holz, Erde und Felsen – vorausgesetzt, es ist ausreichend feucht.

Es sind nicht nur spezielle Pflanzen, die diesen Lebensraum so einzigartig machen, es gibt auch zahlreiche Tiere, deren Existenz an klares, kaltes und sauberes Quellwasser gebunden ist. Zu ihnen gehört die **Zweigestreifte Quelljungfer** *(Cordulegaster boltonii)*.

Die Weibchen erreichen 8,5 Zentimeter Körperlänge und 11 Zentimeter Flügelspannweite, damit zählt die Art zu den größten Libellen Mitteleuropas. Quelljungfern sind an ihren großen, grünen Augen, die sich in der Mitte an einem Punkt berühren, und ihrem schwarz-gelb gestreiften Körper leicht zu erkennen. Von der Zweigestreiften Quelljungfer kann man meist nur die Männchen beobachten, wie sie zuweilen entlang der Bachläufe hin- und herfliegen. Die Weibchen führen ein zurückgezogenes Dasein. Mit etwas Glück kann man sie beobachten, wie sie in senkrechter Position mit ihrem Legestachel ihre Eier in seichte Wasserstellen mit sandigem Boden ablegen. Die Larven, nachtaktive Räuber, lauern eingegraben im Sand auf ihre Beute: kleine Krebse, Käfer und diverse Insektenlarven. Je nach Wassertemperatur dauert ihre Entwicklung drei bis sieben Jahre, bis sie eines Morgens aus dem Wasser kriechen, sich an Steinen, Ästen oder Gräsern festklammern und ein letztes Mal häuten. Es kann mehrere Stunden dauern, bis die fertige Libelle, die optisch nichts mehr mit der rund vier Zentimeter langen, kräftigen, braunen Larve gemein hat, sich aus der Exuvie, also der Larvenhülle, gezwängt hat und auf eine sonnige Lichtung fliegt, um ihren Chitinpanzer vollständig auszuhärten.

Kalktuff zählt zu den jungen Sedimentgesteinen. In ihm sind die Strukturen von Moosen, Algen, Pflanzenresten und manchmal auch von Tieren zu erkennen, an denen sich der Kalk abgesetzt hat. Der Stein ist porös und vor allem im feuchten Zustand sehr zerbrechlich. Kalktuffquellen verdienen daher unseren besonderen Schutz, genauso wie die besonderen Organismen und deren empfindliche Lebensgemeinschaften, die in diesem einzigartigen Habitat leben.

Kalktuffquelle
2° kalkhaltiges Quellwasser
Zweigestreifte Quelljungfer
Cordulegaster boltonii
Verdunstung
Wassertropfen
CaCo3
Kalksteinbildung
Cratoneuron - Moos
Johann Brandstetter 2013

Wasserstraßen – nicht nur für Schiffe

Zu Beginn des Sommers leuchten in Entwässerungsgräben, in Röhrichten und in Erlenbrüchen die großen, gelben Blüten der **Sumpf-Schwertlilie** *(Iris pseudacorus)*. Dem Betrachter mag es scheinen, hier stehen am Ende der Seitentriebe dicht an dicht drei Einzelblüten, aber es ist eine einzige Blüte. Sie besteht aus zwei mal drei Blütenblättern, die in zwei Kreisen versetzt übereinanderstehen, einem äußeren mit den herabhängenden, großen und auffällig gezeichneten Blütenblättern und einem inneren mit kleinen, unscheinbaren Blütenblättern. Über den äußeren Blütenblättern steht ein Kreis dreier kronblattartiger Griffel mit je einer kleinen, versteckten Narbe am Ende. Und die Staubblätter? Sie sind ebenfalls versteckt und liegen eng unter den Griffeln.

Farbmale im UV-Bereich weisen den Bestäubern den Weg. Es sind zunächst Hummeln, die sich kräftig in die Blüten hineinzwängen müssen, um an den Nektar zu gelangen. Dabei nehmen sie den Blütenstaub der zuerst reifenden Staubblätter auf. Wird die Blüte älter, reift die Narbe. Dann senken sich die Griffel herab zu den äußeren Blütenblättern, und irgendwann können sich auch die kräftigsten Hummeln nicht mehr hindurchzwängen. Dann übernehmen Schwebfliegen die Bestäubung.

Die Samen reifen in dreifächerigen Kapseln heran, in denen sie wie in einer Geldrolle übereinanderliegen. Sie sind perfekt an ihren Standort angepasst: In der Samenschale sind Hohlräume, die sie schwimmen lassen, und ihre Oberfläche ist derart strukturiert, dass sie nicht vom Wasser benetzt wird. Zusammen mit einer langen Lebensdauer sind das beste Voraussetzungen, um sich vom Wasser der Gräben, Bäche und Flussufer forttragen zu lassen und neue Standorte zu besiedeln. Wasserstraßen funktionieren als Wanderwege für Pflanzen also genauso gut wie Straßen und Eisenbahnlinien. Manchmal sind es nicht die Samen, die sich vom Wasser fortreiben lassen, sondern ganze Pflan-

Wasserschwertlilie
Jris pseudacorus

zenteile: Die Sumpf-Schwertlilie hat kräftige Rhizome, von denen sich Teile lösen und entlang der Gräben wegschwimmen können.

Gräben gibt es in unseren Niederungen reichlich. Sie wurden angelegt, um die ehemaligen Niedermoore zu entwässern und die dann trockenen Flächen als Wiesen und Weiden nutzen zu können. Doch angesichts des Klimawandels erweist sich unsere entwässerte Landschaft als immer problematischer. Durch die Entwässerung wird nicht nur in den Torfkörpern gebundenes CO_2 in hohem Ausmaß freigesetzt. Großflächige Absenkungen des Grundwasserspiegels führen zur Austrocknung des Bodens, die durch die häufigeren Dürreperioden verstärkt wird. Aus diesem Grund gibt es vielerorts Bemühungen, ehemalige Moorstandorte wieder zu vernässen – kein einfaches und vor allem kein konfliktfreies Unterfangen, denn in wiedervernässten Mooren muss die landwirtschaftliche Nutzung angepasst oder völlig umgestellt werden.

Auch beim **Drüsigen Springkraut** *(Impatiens glandulifera)* erfolgt zuweilen eine Wasserausbreitung durch Pflanzenteile, nämlich mithilfe von Stängelbruchstücken, die sich schnell bewurzeln können. Aber auch die Ausbreitung der Samen ist bei dieser Art überaus effektiv: Sie wachsen in Kapseln heran, die bei Reife aufspringen und die Samen über sechs Meter weit wegschleudern. Die bis 2,5 Meter hohe und konkurrenzstarke Art ist als Zierpflanze aus Ostindien zuerst nach England gelangt und hat sich von dort seit Mitte des 19. Jahrhunderts in ganz Europa ausgebreitet. In Mitteleuropa ist sie vor knapp 100 Jahren heimisch geworden. Sie breitet sich seither massiv aus und ist vielerorts zu einer problematischen invasiven Art geworden, die die heimische Flora verdrängt. Die Bekämpfung der einjährigen Art ist angesichts ihrer enormen Samenproduktion, Vitalität und fehlender Fraßfeinde schwierig und erfolgt am besten durch stetes Entfernen der noch nicht blühenden Pflanzen. Die Raupen des Mittleren Weinschwärmers *(Deilephila elpenor)*, die das Drüsige Springkraut jüngst als Nahrungsquelle entdeckt haben und deren Populationen seither größer werden, werden die Pflanze nicht dezimieren können.

Wie das Drüsige Springkraut sind einst auch der **Riesen-Bärenklau** *(Heracleum mantegazzianum)*, der aus Hochstaudenfluren oberhalb der Baumgrenze im westlichen großen Kaukasus stammt, und der ostasiatische **Japanische Staudenknöterich** *(Fallopia japonica)* als Zierpflanzen zu uns gelangt und verdrängen vielerorts die heimische Flora und Fauna. Da der Riesen-Bärenklau von den meisten Weidetieren gemieden wird und reichlich Samen produziert, kann er sich auf nährstoffreichen Feuchtwiesen ungehindert ausbreiten. Er bildet in Drüsen eine fototoxische Substanz, die nach zusätzlicher

Sonneneinstrahlung beim Menschen Verbrennungen auf der Haut erzeugt. Der Japanische Staudenknöterich beschattet mit seinem dichten Blattwerk den Boden, vorzugsweise an Grabenböschungen und anderen feuchten, nährstoffreichen Standorten, sodass unter ihm keine anderen Pflanzen mehr wachsen können. Wie bei allen invasiven Pflanzen ist die Bekämpfung der beiden Arten aufwendig und schwierig, erfordert ein Paket verschiedener mechanischer und chemischer Maßnahmen und muss früh und konsequent durchgeführt werden.

Dann können an diesen Stellen wieder heimische Arten siedeln wie beispielsweise Baldrian oder Gewöhnliche Pestwurz. Beide Arten haben Früchte, die ähnlich wie diejenigen des Löwenzahns mit kleinen Schirmchen durch den Wind ausgebreitet werden. Sie wachsen an nährstoffreichen Bachufern, Gräben und schattigen, feuchten Waldsäumen.

Die **Gewöhnliche Pestwurz** *(Petasites hybridus)* ist eng mit dem Huflattich *(Tussilago farfara)* verwandt, der ähnliche, aber zumeist trockenere und nährstoffärmere Habitate besiedelt. Beide Arten blühen im zeitigen Frühjahr. Die grundverschiedenen Blütenstände lassen nicht auf die Verwandtschaft der beiden Arten schließen. Der Huflattich trägt die typischen gelben Blütenstände eines Korbblütlers, die Blütenstände der Pestwurz hingegen sind aus vielen kleinen hellrosa-fleischfarbenen Blütenköpfchen zusammengesetzt. Die jungen Blätter hingegen, die nach der Blüte erscheinen, sind ähnlich – so ähnlich, dass die Pestwurz-Blätter immer wieder mit denen des Huflattichs, einer traditionellen Heilpflanze, verwechselt wurden und werden. Angesichts der krebserregenden Pyrrolizidinalkaloide, die in den Blättern der Pestwurz in schädlicher Konzentration vorkommen, sollte man sich vor dem Sammeln mit den morphologischen und standortökologischen Unterschieden beider Arten gründlich beschäftigen. So werden Pestwurz-Blätter deutlich größer als Huflattich-Blätter, mit einem Durchmesser von über 0,5 Meter gehören sie zu den größten Blättern der mitteleuropäischen Flora. Und trotz unterschiedlicher Standortansprüche können beide Arten durchaus nahe beieinander vorkommen, so beispielsweise an Böschungen, wo die Pestwurz die unteren, feuchten Stellen besiedelt und der Huflattich auf den trockneren, besonnten Bereichen wächst.

Der **Baldrian** *(Valeriana officinalis)* hingegen ist mit seinen typisch geteilten großen Blättern und den hellrosa bis weißen Blütenständen unverwechselbar. Neben Pflanzen mit zwittrigen Blüten gibt es auch rein weibliche Pflanzen. Die bis gut 1,5 Meter hohe Staude ist eine alte Heilpflanze, deren Wurzel beruhigende und konzentrationsfördernde Inhaltsstoffe enthält.

Abschied vom Sommer

Wenn der Sommer sich dem Ende zuneigt, verwandelt sich manch eine Feuchtwiese noch einmal in ein Blütenmeer – die Blüte der **Herbst-Zeitlosen** *(Colchicum autumnale)* kündet vom nahenden Winter. Herbst-Zeitlose heißt diese Pflanze, weil im Herbst aus den etwa 15 Zentimeter tief im Boden liegenden Knollen lediglich Blüten erscheinen. Sie werden durch Bienen und langrüsselige Fliegen bestäubt. Viel später, mitten im Winter, erfolgt in den Samenanlagen die Befruchtung der Eizellen – so lange hat der Pollenschlauch gebraucht, um von der Narbe durch den Griffel in den im Boden liegenden Fruchtknoten zu wachsen. Im Frühjahr beginnen Blätter und Fruchtstängel zu treiben, und bereits im Frühsommer sind die Früchte reif, die Blätter eingezogen und die neuen Knollen für den Blütenaustrieb im Herbst gebildet.

Die Herbst-Zeitlose ist eine bekannte Giftpflanze, die in allen Pflanzenteilen das lange beständige und für Menschen sehr giftige Colchicin enthält.

Herbst - Zeitlose
Colchicum autumnale
Narbe
Blüten aufgeschnitten
Staubblatt
Knolle
mit unterirdischem Fruchtknoten
Samen
Fruchtstand im Frühjahr
Fruchtkapsel
2009

Panta rhei –

Bruchwälder, Verlandungszonen und Gewässer

Blaugrüne Mosaikjungfer
Aeshna cyanea

Gewöhnlicher Wasserschlauch
Utricularia vulgaris
Daphnia pulex
Torfmoos
Sphagnum spec.
TORFDECKE

Mit Flöten und Trompeten

An einem kalten Februarabend hallt ein kraftvolles Trompeten durch die Luft. Man mag es angesichts von Dunkelheit, Kälte und Frost kaum glauben, doch die melodischen Rufe des **Kranichs** *(Grus grus)* künden den endlich nahenden Frühling an.

Die großen, grauen Vögel mit der charakteristischen roten Kopfzeichnung kommen aus Aragonien in Spanien. Dort war ihre erste Station auf dem Rückweg aus dem Überwinterungsgebiet, den Korkeichenwäldern der Extremadura. Und dort warteten sie auf günstige Winde für den Flug über die Pyrenäen. Dann ging es weiter über Frankreich in ihre Brutgebiete in Mittel- und Nordeuropa.

Trotz des dürftigen Nahrungsangebotes im Spätwinter hat es für die Vögel einen Vorteil, früh am Start zu sein. Denn wenn die erste Brut nicht klappt, reicht noch die Zeit für ein zweites Gelege. In Mitteleuropa suchen sich die Tiere dafür Inseln in kleinen Waldseen oder waldreichen Mooren, wo sie vor Füchsen und anderen Raubtieren geschützt sind. Und auch vor Störungen durch den Menschen. Deshalb geht es ihnen – wie vielen anderen Tieren –in den Weiten unserer Truppenübungsplätze besonders gut. An die Kriegsübungen haben sie sich gewöhnt, sie wissen, wo der Mensch sie in Ruhe lässt.

Lautes Trompeten beider Elterntiere kündigt die Ablösung beim Brutgeschäft an. Weibchen und Männchen, die einander zeitlebens treu bleiben, wechseln sich ab und führen auch gemeinsam die Jungen, die als Nestflüchter bereits mit zehn Wochen flügge sind. Während dieser Zeit brauchen die Kraniche besonders viel Nahrung. Sie fressen Insekten, Samen, Knollen, Kleintiere und zupfen zum Ärger der Artenschützer auch gerne mal die nahrhaften Knollen von Knabenkräutern aus dem Boden.

Kranich: (Grus grus) ♂ 122 cm; ♀ 113 cm

Zusammen mit ihren Eltern machen sich die Jungtiere im Herbst auf den Weg Richtung Süden. Wie im Frühjahr ziehen die Tiere in großen Verbänden. Der allabendliche Einflug auf die großen Kranichsammelplätze Norddeutschlands zählt zu den beeindruckendsten Naturschauspielen Mitteleuropas. Zehntausende von Tieren sammeln sich unter lautem Trompeten auf Wiesen in Gewässernähe und warten auf den Einbruch der Dunkelheit. Dann fliegen sie gemeinsam zu ihren Schlafplätzen, die sich stets in seichtem Wasser befinden – das können halb abgelassene Fischteiche oder Flachwasserbereiche der Binnenseen oder der Ostsee-Boddengewässer sein. Dort verbringen sie die Nacht stehend im Wasser. Wurden Familien in der Masse der Tiere voneinander getrennt, finden sie anhand ihrer Rufe wieder zueinander. Eine beeindruckende Leistung. Menschen können die Kranich-Rufe nur mithilfe von Hightech-Frequenzanalysen einzelnen Individuen zuordnen.

Über die gleichen Stopps wie auf dem Frühlingszug geht es dann in mehreren Familienverbänden ins Überwinterungsgebiet, für viele Kraniche sind das die Korkeichenwälder der Extremadura in Zentralspanien. Andere sparen sich seit der Jahrtausendwende den kräftezehrenden Pyrenäenüberflug und bleiben in Südwestfrankreich, in der Champagne oder während der zunehmend milden Winter gleich in Mitteleuropa. Andere Tiere haben inzwischen eine Ost-West-Zugroute nördlich der Alpen eröffnet, die entlang der Donau Richtung Westen führt. Hierfür scheinen die erfolgreichen Schutzmaßnahmen in Südwesteuropa die Ursache zu sein. So fliegen viele Sibirien-Brüter nicht mehr wie bisher über die ungarische Puszta, das Hula-Tal in Israel und dann die gefährlichen 2500 Kilometer über die Sahara nach Äthiopien in den ostafrikanischen Grabenbruch, sondern zweigen vor den Alpen auf die Westroute Richtung Frankreich und Spanien ab. Es ist bei den Kranichen gerade viel in Bewegung.

Wo der Kranich brütet, ist auch der **Pirol** *(Oriolus oriolus)* zu hören. Er ist ein typischer Flachlandbewohner, der sich gerne in der Nähe von Gewässern in hohen Bäumen aufhält. Das charakteristische, melodische Flöten, das die Männchen von ihren Sitzwarten aus erklingen lassen, ist unüberhörbar. Doch zu sehen ist der scheue Vogel selten, auch wenn die Männchen mit ihrem knallgelben Gefieder und dem roten Schnabel alles andere als unauffällig sind.

Die Vögel erreichen im Frühjahr ihre Brutgebiete bei uns. Zuerst kommen die Männchen, um ihr Brutrevier in lichten Laubwäldern, Flussauen, verwilderten Obstgärten und Parkanlagen zu besetzen. Rund zwei Wochen später folgen die unauffällig gefärbten Weibchen und bauen in tagelanger Arbeit ihr Nest in dicht belaubten Laubbäumen wie Pappeln, Erlen oder Eichen. Es ist ein rund zehn Zentimeter tiefes und sturmfestes Nest, zwischen Astgabeln dicht verflochten und verklebt. Beide Eltern bebrüten die zwei bis fünf Eier und versorgen auch gemeinsam die Küken.

Pirol (Oriolus oriolus) (LINNAEUS, 1758)
Bauchfeder
Armschwinge
Handschwinge
♂
♀
Nest mit Jungen

Bereits Ende Juli / Anfang August beginnen die mitteleuropäischen Pirole mit ihrem zweimonatigen Zug über die Alpen, das Mittelmeer und die Sahara in ihre südlichen Winterquartiere. Zunächst brechen die Jungvögel gemeinsam mit den Eltern auf, trennen sich aber bald. Die exakten Zugwege der Vögel sind noch nicht bekannt. Nicht nur der Zug der Pirole birgt noch viele Rätsel. Wie wissen die Vögel um den richtigen Zeitpunkt für ihren Aufbruch und die richtige Strecke auf ihrem Weg? Woran orientieren sich die einzelnen Arten? Auf welchen angeborenen Mechanismen beruht der Zug von Jungvögeln, die ohne ihre Elterntiere unterwegs sind? Biologen sind dabei, mittels Satellitennavigation und modernsten Techniken der Neurobiologie und Genetik die Rolle geografischer Faktoren wie des Erdmagnetfeldes oder des Sonnenstandes sowie die neurologischen Grundlagen zu entschlüsseln. Unsere wachsenden Kenntnisse über den Vogelzug schmälern aber nicht dessen Faszination, ganz im Gegenteil. Und hoffentlich wachsen mit unserem Wissen auch Achtung und Demut vor den Tieren, die, klein und verletzlich, aus eigener Kraft im Frühjahr und Spätsommer Tausende von Kilometern überwinden. Jahr für Jahr.

Nicht alle Vögel verlassen uns im Winter. Zu den Arten, die als sogenannte Standvögel den Winter in Mitteleuropa verbringen, gehört der **Eisvogel** *(Alcedo atthis)*. Besonders kalte Winter, wie sie vor allem im Osten Mitteleuropas immer wieder vorkommen, in denen Seen und Flüsse über mehrere Wochen zufrieren können und dem Eisvogel die Jagd verunmöglichen, sorgen für gelegentliche Bestandseinbußen. In der Regel erholen sich die Bestände aber relativ schnell, vorausgesetzt, die Wasserqualität der Jagdgebiete verschlechtert sich nicht.

Ein fliegendes Juwel – so präsentiert sich der Eisvogel, wenn er auf der Jagd nach Fischen, Fröschen, Kaulquappen und auch aquatischen Insekten wie Wasserwanzen, Käfer- und Libellenlarven von einer Sitzwarte losfliegt, mit angelegten Flügeln im Sturzflug ins Wasser gleitet und mit oder auch ohne Beute im Schnabel wieder auftaucht. Der auffällige bunte, orange-blaue Vogel, der etwa so groß wie ein Star ist, besiedelt die Ufer sauberer, stehender oder langsam fließender Gewässer. Hier gräbt er in Böschungen oder in den Wurzelscheiben umgestürzter Bäume seine bis knapp einen Meter tiefen Nisthöhlen. Häufig hört man zuerst seinen Ruf, ein kurzes, scharfes «ziii», bevor man ihn knapp über der Wasseroberfläche dahinfliegen sieht.

Auf der Pappel neben der Eisvogel-Nisthöhle springt ein kleines, dunkles Insekt an ein Blatt. Mit seinem breit dreieckigen Kopf und den dachförmig über den Körper gelegten Flügeln ist es sofort als Zikade zu erkennen, aber die Bestimmung der Art ist schwierig: Es handelt sich um eine **Winkerzikade** *(Tremulicerus vitreus)*, die meist gut 0,5 Zentimeter groß und stark gemustert sind. *Tremulicerus vitreus* ist dunkel gezeichnet und hat

einen orangen bis gelbbraunen Goldglanz. Die Imagines – also die erwachsenen Tiere – der zentraleuropäischen Art sind von Juli bis Oktober zu beobachten. Während verwandte Arten als Ei überwintern, verkriechen sich die Weibchen von *Tremulicerus vitreus* im Spätherbst in Nadelbäumen und verbringen dort die kalte Jahreszeit.

Die meiste Zeit des Jahres aber verbringen die Tiere wie alle Winkerzikaden auf Laubbäumen. Sie sind auf Pappeln oder Weiden angewiesen, von deren Pflanzensaft sie sich ernähren. Pflanzensaft saugende Insekten, dazu gehören unter anderem auch Blattläuse, haben aber ein Problem: Ihre Nahrung ist reich an Zucker und arm an Eiweißen und Fetten. Daher haben Zikaden wie die verwandten Pflanzenläuse in ihrem Verdauungstrakt einen Filter, der die kleinen Zuckermoleküle durchlässt, die größeren Eiweiß- und Fettmoleküle hingegen zurückhält. Infolgedessen ist der Kot von Zikaden und Pflanzenläusen sehr zuckerhaltig – und jeder, der im Sommer sein Auto unter Linden oder Weiden parkt, kann von der klebrigen Frontscheibe ein Lied singen.

In Gewässernähe ist die häufigste mitteleuropäische Schlange zu Hause, die **Ringelnatter** *(Natrix natrix)*. Die gute Schwimmerin, die stundenlang unter Wasser bleiben kann, ernährt sich vor allem von Amphibien, aber auch von kleinen Säugetieren, Fischen oder Vögeln. Ihr Lebensraum ist ein kleinräumiges Mosaik verschiedener vernetzter Biotope und umfasst nicht nur Gewässer als Jagdgründe, sondern auch trockene, warme Plätze zum Sonnen und angrenzende Waldgebiete mit geschützten, warmen Höhlen. Dorthin ziehen sich die bis über einen Meter großen Schlangen nachts und während der Mittagswärme zurück, und dort überwintern sie in größeren Gruppen.

Ringelnattern sind überaus scheu und friedlich und für Mensch und Haustier völlig ungefährlich. Von anderen heimischen Schlangen unterscheiden sie sich durch die charakteristische halbmondförmige helle Zeichnung am Hinterkopf und die runden Pupillen. Die Weibchen legen jährlich ab Anfang Juli bis in den Herbst hinein 10 bis 30 Eier in Höhlen morscher, verrottender Baumstämme und Wurzeln. Dort stimmen die mikroklimatischen Verhältnisse, denn verrottendes organisches Material setzt Wärme frei – in unseren gemäßigten Breiten ist das für die Entwicklung der Eier ein wesentlicher Vorteil. Zuweilen sucht das Ringelnatter-Weibchen für die Eiablage auch warme Stellen in Hohlräumen zwischen Steinen oder Höhlen im Sand auf. An geeigneten und genügend großen Plätzen legen viele Weibchen ihre Eier ab, sodass manche Gelege Hunderte von Eiern umfassen.

Zwergmaus
(Micromys minutus)
und Waldmaus
(Apodemus sylvaticus)

Zwergmaus
Micromys minutus
Waldmaus
Apodemus sylvaticus
Johann Brandstetter
2020

Die Jungschlangen schlüpfen je nach Wärme nach vier bis zehn Wochen. Es dauert mindestes drei bis vier Jahre, bis die Tiere geschlechtsreif werden – so sie nicht vorher Beute von Fressfeinden geworden oder dem Verkehr zum Opfer gefallen sind.

Junge Ringelnattern ernähren sich vor allem von Kaulquappen, Molchen und Jungfröschen. Mit zunehmender Körpergröße nimmt auch die Größe ihrer Beutetiere zu, so stehen gelegentlich auch kleine Nagetiere wie Waldmäuse auf dem Schlangen-Speiseplan.

Die **Waldmaus** *(Apodemus sylvaticus)* ist in Nordafrika und Europa weit verbreitet und sehr häufig. Sie lebt nicht, wie ihr Name vermuten lässt, in geschlossenen Wäldern, sondern in typischen Saumbiotopen wie Wald- und Gewässerrändern, Hecken und Böschungen, aber auch in Gärten und Parks. Dort gräbt die nachtaktive Art Höhlen in die Erde und legt sich Brut- und Vorratskammern an. Wie viele kleine Nagetiere ist sie ein Allesfresser, der sich von Samen, Früchten, Insekten und Vogelnestlingen ernährt. Die Waldmaus ist ein guter Kletterer und kann bis zu 80 Zentimeter weit springen – deshalb wird sie zuweilen auch Springmaus genannt.

Waldmäuse sind Einzelgänger. Weibchen und Männchen haben unterschiedlich große Reviere und treffen nur zur Paarung aufeinander. Die Weibchen ziehen ihre vier bis sechs Jungtiere pro Wurf, die mit zwei Monaten selbstständig sind, alleine auf.

Ebenfalls rasant entwickeln sich die Babys der **Zwergmaus** *(Micromys minutus)*, die mit nur elf Zentimetern Länge und rund sechs Gramm Gewicht das kleinste Nagetier Europas und bereits mit zwei Monaten geschlechtsreif ist.

Das Zwergmaus-Weibchen baut sein Nest 0,5 bis 1 Meter über dem Boden in dichter Vegetation, vorzugsweise in Röhrichten, hohen Grasfluren oder Hecken und Feldern. Für das faustgroße, kugelige Nest verwebt das Weibchen zahlreiche Blätter in meist einer Nacht. Auch wenn Zwergmäuse sehr scheu und vorzugsweise nachts aktiv sind, werden sie nicht alt. Nur wenige überleben den Winter, den sie in größeren Gruppen von zuweilen bis zu mehreren Hundert Tieren in einer Höhle verbringen. Zum Frühjahr hin werden sie wie die Waldmaus wieder zu Einzelgängern und suchen sich ein neues Revier. Sie sind überaus geschickte Kletterer, die dank spezieller Greifzehen und einem Greifschwanz mühelos an kräftigen Grashalmen hochklettern können.

Endlose Röhrichte, reiches Leben

Im schützenden Dickicht dichter Röhrichte fühlt sich nicht nur die Zwergmaus, sondern eine ganze Reihe anderer Tiere wohl, allen voran die Rohrsänger, die vom Insektenreichtum des Habitats profitieren. Der **Drosselrohrsänger** *(Acrocephalus arundinaceus)* ist unsere größte Rohrsängerart, er ist knapp so groß wie ein Star. Beide, Weibchen und Männchen, sind unscheinbar braun gefärbt mit hellerem Bauch und weißer Kehle.

In der zweiten Hälfte des 20. Jahrhunderts war der Drosselrohrsänger selten geworden. Die Art reagiert recht empfindlich auf Störungen durch Wassersportler und Veränderungen ihres Lebensraumes. Verlanden Röhrichte aufgrund hoher Nährstoffeinträge, verschwindet der Drosselrohrsänger – er baut seine Nester ausschließlich in Schilf, das im Wasser steht. Dort, wo sich mit verbesserter Wasserqualität und der Einrichtung von Schutzzonen Schilfbestände und andere Röhrichte wieder erholen, kehrt auch der Drosselrohrsänger zurück. Vor allem im östlichen Mitteleuropa gehört sein charakteristischer Gesang, der zur Ankunft der Weibchen im Mai bis in die Nacht erklingt, zum Frühlingskonzert in den Schilfröhrichten der zahlreichen Binnenseen und der Stromtalauen.

Ein weiterer Bewohner dichter Schilfröhrichte ist der **Rallenreiher** *(Ardeola ralloides)*. Er ist ein gedrungener, unscheinbar braun gefärbter Reiher, der im Flug plötzlich weiß wird: In Ruhestellung sind die weißen Flügel von den hellbraunen bis hellrosa Schulterfedern verdeckt. Der scheue Vogel klettert geschickt im Schilf herum, wo er Insekten und Frösche fängt, daneben macht er Jagd auf kleine Fische.

Rallenreiher, halb so groß wie die weit verbreiteten Graureiher, sind bei uns Sommergäste. Ihre lokalen Brutkolonien sind über Osteuropa, das Mittelmeergebiet, Äthiopien und Vorderasien zerstreut. Häufiger ist er im südlichen Afrika, wo die meisten Tiere, die auf der Nordhalbkugel brüten, auch überwintern.

Rallenreiher
(Ardeola ralloides)

Schilf *(Phragmites australis)* ist ein beeindruckendes Gras. Die ökologische Amplitude dieser bei uns drei bis vier Meter hohen Grasart ist enorm: Sie wächst in sauren wie in kalkreichen Gewässern, an nährstoffarmen bis extrem nährstoffreichen Standorten, in Wassertiefen bis zu zwei Metern bis hin zu oberflächlich trockenen Standorten. Kalte Temperaturen bremsen sie, daher ist für die Art in der montanen Stufe der Alpen und im südlichen Fennoskandien Schluss, in den Subtropen und Tropen hingegen ist sie wie in den gemäßigten Zonen weit verbreitet.

Die feinen Samen, die durch den Wind ausgebreitet werden, keimen am besten bei hohen Temperaturen um 30 Grad Celsius in gleichmäßig feuchtem, offenem Boden. Die Jungpflanzen wachsen schnell heran, und bald durchziehen sie den Boden mit ihren kräftigen Rhizomen. Nicht selten sind Schilfröhrichte aus einer einzigen Pflanze aufgebaut, bestehen also aus einem Klon. Zudem kann Schilf derart dicht wachsen, dass kaum noch andere Pflanzen im Röhricht Platz haben. Schilfröhrichte sind trotzdem keine artenarmen Biotope, sondern voller Leben: Sie bieten einer Vielzahl von Tieren, von wirbellosen Arten wie Schnecken, Muscheln, Krebstieren, Spinnen und Insekten bis hin zu Vögeln und anderen Wirbeltieren, das ganze Jahr hindurch Nahrung und Schutz. Schilfbestände gehören daher zu den geschützten Biotopen Mitteleuropas.

Auch für den Menschen sind sie seit jeher wichtig. Das Reet diente bereits in der Bronzezeit als Bau- und Isoliermaterial, junge Rhizome mit einem Rohrzuckergehalt von drei bis fünf Prozent wurden – ähnlich wie Bambussprossen – als Gemüse verwendet, das Mehl älterer, stärkereicher Rhizome dem Brotmehl beigemischt. Heute wird Schilf zur biologischen Abwasserreinigung genutzt. Es entzieht dem Wasser Nährstoffe und gibt zahlreichen Kleintieren und Mikroorganismen Lebensraum, die zusammen mit dem Schilf selbst für eine biologische Reinigung des Wassers sorgen.

Starke Strömung, häufig wechselnde Wasserstände oder starker Wellenschlag, zum Beispiel durch Motorboote, verträgt das Schilf hingegen nicht. Sobald Wasser durch Bruchstellen ins Belüftungssystem der Halme dringt, verfault es.

Rallenreiher
(Ardeola ralloides)

Wechselnde Wasserstände werden von anderen Pflanzen besser vertragen. Zu ihnen gehört die **Schwanenblume** *(Butomus umbellatus)*, die an schlammigen oder sandigen Teichufern und in Flussauen mit stehendem oder langsam fließendem Wasser wächst. Wie das Schilf vermehrt sich auch die Schwanenblume vegetativ, kann also als Klon größere Bestände bilden. Ihr kräftiges Rhizom verzweigt sich und bildet zudem Brutknospen, die sich von der Mutterpflanze lösen.

Die Schwanenblume trägt in ihren doldenähnlichen Blütenständen bis zu 30 weiße oder rosa Blüten, in deren Mitte sich die roten Staub- und Fruchtblätter befinden. Die Bestäuber, Schwebfliegen, Hummeln, Bienen und Schmetterlinge, werden vom Honigduft angelockt und finden den Nektar zwischen den Fruchtblättern am Blütengrund. Fremdbestäubung ist für die Art unabdingbar. Bestände, die nur aus einem Klon bestehen, haben deshalb keine fruchtbaren Samen. Die Samen werden durch den Wind und über das Wasser ausgebreitet und keimen als typische Kältekeimer erst, nachdem sie Temperaturen um null Grad ausgesetzt waren. So wird verhindert, dass die Samen an milden Herbsttagen bereits keimen. Den nachfolgenden Winter würden die zarten Jungpflanzen nicht überleben.

Die Schwanenblume ist in Europa und Asien weit verbreitet. In Nordamerika wurde sie als Zierpflanze eingeführt und ist dort zu einer problematischen, invasiven Art geworden.

Schwanenblume · Butomus umbellatus
Blütenstand
Einzelblüte
Samenkapsel
Johann Brandstetter

Bunte Insektenfänger und zarte Kostbarkeiten: Schwingrasen und nährstoffarme Moore

Einst bedeckten mächtige Gletscher weite Teile Mitteleuropas. Sie rückten in eisigen Perioden der Kaltzeiten nach Süden, zogen sich in wärmeren Abschnitten wieder zurück und ließen schließlich vor knapp 12 000 Jahren im Tiefland eine von Jung- und Endmoränen sowie weiten Urstromtälern geprägte Landschaft zurück. Charakteristisch für solche durch die Kaltzeiten überformten und modellierten Regionen sind die vielen Seen. Sie gehen auf Schmelzwasserrinnen oder auf Toteislöcher zurück, in denen das Eis nur langsam auftaute. Wo sie fern von landwirtschaftlichen Flächen liegen und das Wasser deshalb klar und nährstoffarm bleibt, erstreckt sich auf der Wasseroberfläche ein Teppich aus Torfmoosen, Wollgräsern und Seggen. Beim Betreten schwingt diese Vegetationsdecke – so ist der Schwingrasen zu seinem Namen gekommen.

Dominierende Pflanzen der Schwingrasen sind Hochmoorarten, vor allem Wollgräser, Seggen und eine besondere Gruppe der Moose, die **Torfmoose** *(Sphagnum)*. Torfmoose sind faszinierende Moose: Sie können blitzschnell die 30-fache Menge ihres Trockengewichtes an Wasser aufnehmen. Zwischen ihren lebenden Zellen liegen große, abgestorbene Zellen, die bei Benetzung wie ein Schwamm durch große Poren Wasser sofort aufnehmen.

Torfmoose wachsen unablässig in die Höhe, der untere Teil der Pflanzen stirbt ab. Die Schwammwirkung der abgestorbenen Pflanzenteile bleibt aber erhalten, sodass das Wasser aus dem Untergrund kapillar aufsteigen kann. Wird der Torfkörper zu mächtig, reißt die kapillare Wasserversorgung ab und das Wachstum der Moose wird – vorausgesetzt, das Klima ist feucht genug – allein durch die Wasserversorgung durch Niederschläge gewährleistet: Ein Regenmoor entsteht.

In Mitteleuropa gibt es rund 35 Torfmoos-Arten, die zum Teil schwierig zu unterscheiden sind. Magellans Torfmoos *(Sphagnum magellanicum)* ist vergleichsweise einfach zu erkennen. Die kräftige, weltweit verbreitete Art ist rötlich gefärbt. Ihre Farbe wird im Herbst nach den ersten kalten Nächten besonders intensiv. Jetzt, vor dem langen, grauen und kalten Winter, zieht im Moor die Natur noch einmal alle Register: Die Farbenpracht der in Braun-, Rot- und Grüntönen leuchtenden Moose, hier und da betupft von den ersten gelben Birkenblättern, steht derjenigen des Sommers in nichts nach. In der Sonne glitzern die Tautropfen, die Spinnweben des Altweibersommers hüllen die Blätter der Wollgräser in ein zartes Gespinst, und ein Trupp Kraniche zieht mit seinem melodischen Trompeten über das Moor hinweg. Noch gibt es sie, diese unschätzbar wertvollen Perlen, abseits unserer Städte und Dörfer.

Zwischen den Torfmoosen und den Seggen-Bulten, die sich über die Moose erheben, gibt es kleine, freie Wasserflächen, die sogenannten Schlenken. Aus ihnen ragen hier und dort an langen Stängeln auffällige und mit gut zwei Zentimetern recht große gelbe Blüten, die gerne von Schwebfliegen besucht werden. Sie gehören zum **Gewöhnlichen Wasserschlauch** *(Utricularia vulgaris)*. Seine zarten, fein gegliederten Blätter schwimmen frei im Wasser und tragen kleine Blasen, die zu den spekakulärsten Organen im Pflanzenreich gehören. Diese Blasen sind Fangfallen, die innerhalb von nur zwei Millisekunden kleine Tiere fangen.

Zwei Millisekunden, das sind mit die schnellsten Bewegungen im Pflanzenreich. Doch wie funktioniert das? In den Blasen, die mit einer Klappe nach innen fest verschlossen sind, herrscht ein Unterdruck. Stößt ein kleines Tier, meist ein Wasserfloh, gegen einen der feinen borstigen Sensoren, öffnet sich die Klappe und es wird hineingesogen. Gleich darauf schließt sich die Klappe und das Tier ist gefangen. Drüsen setzen nun Verdauungsenzyme frei, und schließlich nimmt die Pflanze die gelösten Nährstoffe, vor allem Stickstoff und Phosphor, auf. Ist der Verdauungsprozess abgeschlossen, wird das Wasser aus der Blase gepumpt und damit die Falle wieder «scharf» gemacht. Eine für Pflanzen ungewöhnliche Methode, das dürftige Nährstoffangebot des Standortes aufzubessern.

Die Samen des Wasserschlauchs sind schwimmfähig und werden über das Wasser ausgebreitet. Wie viele Wasserpflanzen nutzt auch der Wasserschlauch zuweilen gefiederte Transportmittel zur Ausbreitung: Samen wie Pflanzenteile können im Gefieder von Wasservögeln haften bleiben und so ins nächste Gewässer geflogen werden.

Nicht nur Wasserschläuche sind auf freie Wasserflächen im Moor angewiesen. Sie sind auch für den **Moorfrosch** *(Rana arvalis)* von zentraler Bedeutung, denn dort laichen die Tiere und dort entwickeln sich ihre Kaulquappen. Der Moorfrosch ist die meiste Zeit des Jahres ein eher unscheinbarer Frosch: rund sechs Zentimeter groß, mit hell- und dunkelbraunen Streifen. Er lebt in Mooren, Au- und Bruchwäldern, nassem bis feuchtem Grünland und manchmal auch in lichten Kiefernwäldern, sofern eine dichte Krautschicht den Boden feucht genug hält. Zur Paarungszeit macht er sich auf den Weg zu den Laichgewässern. Dort angekommen, zuweilen treffen zeitgleich Hunderte von Tieren an einem Ort ein, wechseln die Männchen in kürzester Zeit ihre Farbe in ein tropisch anmutendes Blauviolett bis Hellblau. Die blaue Färbung hält nur kurz – bis die Laichzeit vorbei ist und die Weibchen ihre Eiballen mit bis zu 2000 Eiern abgelegt haben.

Der in Mitteleuropa gefährdete und europaweit streng geschützte Moorfrosch kommt bei uns vor allem im nordostdeutschen Tiefland vor. In den übrigen Gebieten ist er selten bis sehr selten; und ob er in der Schweiz jemals heimisch war, ist ungeklärt. Seine weltweite Verbreitung reicht vom westlichen Europa bis nach Sibirien.

Der Wasserschlauch ist nicht die einzige Insekten fangende Pflanze im Moor. Im Hochsommer finden sich auf dem Torfmoos zahlreiche zarte weiße Blütenstände des **Rundblättrigen Sonnentaus** *(Drosera rotundifolia)*. Er hat eine recht einfache Methode, Insekten zu fangen: Die Ränder seiner leuchtend roten Blätter sind mit zahlreichen Drüsenhaaren besetzt, an deren Ende sich ein Tröpfchen befindet, das – wie der deutsche Gattungsname schon verrät – in der Sonne schimmert wie ein Tautropfen. Nun, es ist kein Tau-, sondern ein Klebetropfen. Durstige kleine Insekten wie Mücken oder kleine Fliegen, die am vermeintlichen Wassertropfen ihren Durst stillen wollen, bleiben hängen und kommen beim Versuch, sich zu befreien, mit noch mehr Klebetropfen in Berührung. Das ist dann für die Pflanze das Signal, die Drüsenhaare zur Blattmitte zu neigen und das Blatt allmählich einzurollen, sodass gefangene Tiere mit der Blattmitte in Kontakt kommen. Dort befinden sich Drüsenhaare, die Verdauungsenzyme ausscheiden und schließlich die Nährstoffe aufnehmen.

Die Weibchen des Moorfrosches sind graubraun bis rötlich gefärbt mit markanten schwarzen Flecken.

MOORFROSCH • *Rana arvalis*

Der ähnliche **Mittlere Sonnentau** *(Drosera intermedia)* unterscheidet sich vom Rundblättrigen Sonnentau durch längliche Blätter und seine Standortökologie: Er wächst auf offenen, staunassen Böden in Sandmooren und nassen Heiden. Trocknen im Spätsommer die Böden aus, zieht der Mittlere Sonnentau die Blätter ein und bildet wie alle heimischen Sonnentau-Arten sein Überwinterungsstadium, ein sogenanntes Hibernakel, das in kleinen, verdickten Blättern die Reservestoffe für den Austrieb im nächsten Frühjahr speichert.

Wie bei allen karnivoren, also Insekten fangenden Pflanzen öffnen sich die Blüten der Sonnentau-Arten hoch über den Fangorganen – es wäre zu ungeschickt, wenn die Pflanzen ihre eigenen Bestäuber, meistens kleine Fliegen, fangen würden.

Sonnentau-Arten bilden in zarten Kapseln staubfeine Samen, die wie diejengien der Orchideen kein Nährgewebe haben und kilometerweit durch die Luft getragen werden können. Für Keimung und Etablierung ist wahrscheinlich ein Pilz notwendig. Wie das im Einzelnen genau funktioniert, gehört noch zu den Abertausenden von Rätseln, welche die Natur uns zu bieten hat.

Zu solchen Rätseln gehört auch die Tatsache, dass manche Arten wie das **Sumpf-Glanzkraut** *(Liparis loeselii)* in manchen Jahren große blühende Bestände bilden und in anderen Jahren nur vereinzelte Individuen zu finden sind. Das heißt aber nicht unbedingt, dass die betrachtete Population am Absterben ist. Die Knollen der Pflanzen können mehrere Sommer im Boden verbleiben, ohne auszutreiben. Welche Faktoren für ihr Austreiben nach dem Winter verantwortlich sind, ist unbekannt.

Das Sumpf-Glanzkraut ist eine Orchidee nährstoffarmer Feuchtwiesen und Moore, deren Blütenstängel meist nur rund zehn Zentimeter groß werden. Die Art steht unter dem Schutz der europäischen Flora-Fauna-Habitat-Richtlinie (FFH-Richtlinie), das heißt, ihre Lebensräume müssen in einer Weise geschützt oder wiederhergestellt werden, um der seltenen Art auch in Zukunft ein Überleben in unserer Landschaft zu ermöglichen. Alle vier Jahre müssen die Länder der Europäischen Union berichten, ob und wie sich der Zustand der Populationen dieser wie auch aller anderen sogenannten FFH-Arten verändert hat. Angesichts des unsteten Auftretens des Sumpf-Glanzkrautes ist das selbst für Experten schwierig zu beurteilen. Umso wichtiger ist es, die Habitate dieser zarten Orchidee vor der Zerstörung ihrer Lebensräume durch Torfabbau und Entwässerung, den Eintrag von Nährstoffen aus umliegender Landwirtschaft und das Eindringen fremder, invasiver Arten zu schützen. Leider gelingt das längst nicht überall.

Von den Tautropfen werden kleine Insekten angelockt
Systematik
Mittlerer Sonnentau
Drosera intermedia

Noch seltener als das Sumpf-Glanzkraut ist die **Sumpf-Weichwurz** *(Hammarbya paludosa)*. Die ebenfalls streng geschützte Orchidee ist eine typische Pflanze der nährstoffarmen Zwischenmoore und kommt in Mitteleuropa vor allem im Alpenvorland vor. Im Tiefland ist sie bis auf wenige, verinselte Vorkommen ausgestorben. Die Sumpf-Weichwurz ist eine sehr unscheinbare Art. Sie zu finden und zu erkennen, bedarf genauer Kenntnis ihrer Standorte und ihres Aussehens auch im vegetativen Zustand, also ohne Blüte. Selbst in der Blütezeit im Juli und August ist sie schwierig zu finden. Die Blütenstände sind nur knapp zehn Zentimeter groß und mit hellgrün gefärbten, schmalen, zarten und durch kleine Insekten bestäubten Blüten besetzt. Es ist streng verboten, ihre verbliebenen Habitate zu betreten. Zu schnell kann mit unachtsamen Tritten des «Naturfreundes», der das Moor erkunden möchte, eine kleine Population empfindlich reduziert oder gar ausgelöscht werden.

Die heimischen Pflanzenfamilien, deren Vertreter zum Insektenfang in der Lage sind, haben wir bereits kennengelernt: die Wasserschlauchgewächse (Lentibulariaceae) und die Sonnentaugewächse (Droseraceae). Weltweit gibt es zehn weitere Familien mit Insekten fangenden Arten, die vor allem in den Tropen vorkommen. Eine von ihnen, die Schlauchpflanzengewächse (Sarraceniaceae), ist mit der – illegal! – ausgepflanzten Roten Schlauchpflanze *(Sarracenia purpurea)* inzwischen in Europa hier und da zu finden. Die aus Nordamerika stammende winterharte Art findet bei uns in nährstoffarmen Mooren des Alpenvorlandes und der Mittelgebirge günstige Lebensbedingungen. Weil sie die heimische Flora in diesen empfindlichen Habitaten bedrängt, werden die Schlauchpflanzen in einigen Mooren bei Pflegemaßnahmen regelmäßig entfernt.

Die Rote Schlauchpflanze *(Sarracenia purpurea)* ist eng verwandt mit der **Braunroten Schlauchpflanze** *(Sarracenia rubra)*. Ihre Blätter sind wie bei allen Schlauchpflanzen an den Seiten zu einem Schlauch zusammengewachsen und enden in einer schirmartigen Erweiterung. Im oberen Bereich sind die Schläuche wie auch die Schirme kräftig rot geadert. Hier produziert die Pflanze Duftstoffe, die wie auch die lebhafte Farbe verschiedene Insekten und andere Gliedertiere anlocken: Käfer, Spinnen, Ameisen und andere Bodenbewohner. Die Tiere gelangen zunächst auf die Unterseite des Schirmes, dessen nach unten gerichtete Borsten ihnen den Weg in Richtung Schlauch weisen. Sie werden kaum «gegen den Strich» krabbeln und gelangen so in den Schlauch, dessen Wände ebenfalls mit nach unten gerichteten Haaren versehen sind. Irgendwann ist die Innenseite des Schlauches so glatt, dass die Tiere keinen Halt mehr finden und in den Blattgrund rutschen. Dort werden sie in einer Verdauungsflüssigkeit, in der Bakterien beim Zersetzungsprozess helfen, aufgelöst.

Braunrote Schlauchpflanze
Sarracenia rubra

Kinderstube der Wassertiere: der Schwimmblattgürtel

Einst waren sie Sorgenkinder im Naturschutz, die Flora und die Fauna unserer Flüsse und Seen. Die zunehmende Einleitung von Abwässern in der zweiten Hälfte des 20. Jahrhunderts verschlechterte die Wasserqualität dramatisch. Eine anwachsende und mit immer mehr PS ausgestattete Motorbootflotte unserer Freizeitgesellschaft tat ein Übriges, und Wasserpflanzengesellschaften wurden auf immer weniger entlegene Gewässer zurückgedrängt. Aber zum Glück wurde in den letzten 30 Jahren viel erreicht: Dank zahlreicher technischer Umweltschutzmaßnahmen sind unsere großen Fließgewässer und Seenketten wieder deutlich sauberer. Gegen den Wellenschlag der Motorboote wurden in Ufernähe Wellenbrecher errichtet. Zunehmend etablieren sich wieder Schwimmblatt- und Laichkrautfluren, und viele Fischarten kehren in unsere Flüsse zurück.

Blühende Seerosen gehören zum Sommer wie bunte Blumenwiesen, Vogelgesang und Schmetterlinge. Egal, ob sie sich direkt am Ufer befinden oder sich an einen Schwingrasen anschließen, die dichten Schwimmblatt-Teppiche können im Sommer große Wasserflächen überziehen. In schwach bis mäßig fließenden Gewässern dominiert vor allem die **Gelbe Teichrose** oder **Teichmummel** *(Nuphar lutea)* mit ihren rund vier Zentimeter großen, gelben, runden Blüten. Die **Weiße Seerose** *(Nymphaea alba)* wächst hingegen vor allem in stehenden und nur sehr langsam fließenden Gewässern und ist gegen Verschmutzung deutlich empfindlicher als die Teichmummel. Ihre bis knapp zehn Zentimeter großen und pollenreichen Blüten werden vor allem von Käfern aufgesucht.

Schwimmblätter sind besondere Blätter, die perfekt an ihren Lebensraum angepasst sind. Sie haben ein ausgeklügeltes Durchlüftungsgewebe, das sich durch die bis zu drei Meter langen Blattstiele bis in die Wurzelspitzen der Pflanze zieht. Somit wird gewährleistet, dass auch die Wurzeln im schlammigen Gewässergrund ausreichend belüftet sind und

Gelbe Teichrose
(Nuphar lutea
Baccha elongata
Querschnitt
Fruchtstand
Fruchtstand jung

gleichzeitig der Auftrieb von Blattstielen und Blättern gewährleistet ist. Zunächst aber mussten im Lauf der Evolution einige Umbauarbeiten am Blatt selbst vorgenommen werden, denn «normalerweise» befinden sich die Spaltöffnungen, durch welche der Gasaustausch stattfindet, auf der Blattunterseite. Bei Schwimmblättern machen Spaltöffnungen auf der Unterseite keinen Sinn, daher sind sie bei den Seerosen auf der Blattoberseite zu finden. Die oberste Zellschicht, die Epidermis, ist auf der Blattoberseite kräftig und mit einer dicken Wachsschicht überzogen, so kann das Blatt nicht vom Wasser benetzt werden, und Algen und Bakterien haben es schwer, sich auf den Blättern anzusiedeln. Auch Blatt- und Blütenstiele sind gänzlich anders aufgebaut als bei Landpflanzen. Angesichts des Auftriebs im Wasser brauchen sie keine stützenden Gewebe, wohl aber gleichzeitig eine hohe Flexibilität sowie Zugfestigkeit, um den Wasserbewegungen standhalten zu können. Deshalb liegt bei Wasserpflanzen das Festigungsgewebe im Zentrum des Stängels und nicht außen wie bei Landpflanzen.

Eine besondere Rolle spielt die Verankerung der Pflanzen im Substrat. Teich- und Seerosen haben kräftige Wurzeln, die einem ebenfalls kräftigen Rhizom entspringen, das im Seeboden wächst. Im Rhizom als Überwinterungsorgan werden im Herbst Reservestoffe, vor allem Stärke, für den Neuaustrieb im Frühjahr eingelagert. In Notzeiten haben Menschen trotz der schwach giftigen Alkaloide Rhizome von See- und Teichrosen getrocknet, gemahlen und unter das Mehl zum Brotbacken gemischt. Essbar sind auch die Samen, die über das Wasser oder auch von Wasservögeln ausgebreitet werden.

Zwischen den großen Schwimmblättern der Seerosen sind immer wieder kleinere, längliche bis ovale Blätter zu finden, die zu einer ganz anderen Pflanzengruppe gehören: Es sind Blätter von Laichkräutern der Gattung *Potamogeton*, die artenreich wie vielgestaltig ist. Einige Arten sind an klare, saubere Gewässer gebunden und dementsprechend selten geworden, andere vertragen auch nährstoffreicheres und weniger klares Wasser wie zum Beispiel das weit verbreitete **Krause Laichkraut** *(Potamogeton crispus)* mit seinen am Rand stark gewellten Blättern.

Die Unterwasserblätter von Wasserpflanzen, nicht nur diejenigen der Laichkräuter, machen nicht nur Fotosynthese, sondern nehmen auch Nährstoffe und Wasser über ihre gesamte Oberfläche auf. Eine dicke Epidermis oder gar wasserabweisende Wachsschicht fehlt ihnen, im Gegenteil, Wasserblätter sind zart, bestehen zuweilen aus nur ein bis zwei Zellschichten und haben kein Festigungsgewebe. Häufig sind sie bandförmig, um der Strömung nur wenig Widerstand entgegenzusetzen, oder fein zerschlitzt, um mit der großen Oberfläche die Nährstoffaufnahme zu verbessern. Zahlreiche Wasserpflanzen bilden auf und unter der Wasseroberfläche völlig verschiedene Blätter aus, so auch die Seerosen, deren gewellte Unterwasserblätter Salatblättern ähneln. Ob gerade oder zerschlitzt, gekräuselt oder glatt, lang oder kurz: Dichte Wasserpflanzenbestände sind für viele Tierarten eines Gewässers von zentraler Bedeutung. So dienen beispielsweise die Laichkräuter zahlreichen Libellen-Arten als Eiablageplatz. Zusätzlich ist das Unterwasserwirrwarr aus Stängeln und Blättern der perfekte Rückzugsraum für kleine und junge Fische, denn hier werden sie nicht Beute größerer Raubfische.

Auch die Gelbrandkäfer, die mit gut drei Zentimetern zu den größten heimischen Käfern gehören, nutzen Laichkräuter und andere Wasserpflanzen in stehenden oder sehr langsam fließenden Gewässern zur Eiablage. Unsere häufigste Art, der **Gemeine Gelbrand** *(Dytiscus marginalis)*, ist mit einigen Lücken auf der gesamten Nordhemisphäre verbreitet. Nach der Paarung machen die Weibchen einen Schnitt ins pflanzliche Gewebe, legen mit dem rund einen Zentimeter langen Legestachel ihre Eier hinein und verschließen anschließend die Schnittstelle mit einem Sekret. Die Gelbrandkäfer-Larven schlüpfen je nach Wassertemperatur nach 1,5 bis 2,5 Monaten. Wie die adulten Käfer leben die Larven rein räuberisch und decken ihren Energiebedarf vorzugsweise durch die Unterwasserjagd auf Kaulquappen. So wird dort, wo die Populationen von Fröschen und Kröten schrumpfen, inzwischen auch der einst sehr häufige Gelbrandkäfer immer seltener. Denn nicht überall gibt es insbesondere für die Larven genügend Ersatzfutter wie Aas, kleine Fische und Wasserinsekten. Dann kommt es schon mal vor, dass die Gelbrandkäfer-Larven zu Kannibalen werden. Die erwachsenen Gelbrandkäfer können das Gewässer verlassen. Sie sind nicht nur hervorragende Taucher und elegante Schwimmer, sondern können auch sehr gut fliegen: Im Schutz der Nacht machen sie sich auf, um einen neuen See oder Teiche zu finden. Es sind langlebige Insekten, die drei bis fünf Jahre alt werden können – wenn sie nicht ihrerseits zu Beute werden.

Denn diverse Raubfische wie der Zander können den dicken Brocken durchaus verschlingen, auch wenn der Gelbrandkäfer sich mit einem ganzen Arsenal chemischer Keulen wehrt. Bei Gefahr scheidet der Käfer Steroide, Sesquiterpene, Alkaloide und andere unerfreuliche Verbindungen aus, um dem Angreifer den Appetit zu verderben. Auch die Sekrete aus seinen Abdominaldrüsen, mit denen er in erster Linie seine Flügeldecken sauber und frei von Bakterien und Algen hält, dienen der Abwehr.

Der **Zander** *(Sander lucioperca)* gehört zu unseren wichtigsten Raubfischen, der dank seiner guten Augen auch in tiefen, dunklen und trüben Gewässern erfolgreich auf Jagd gehen kann. Für die Fortpflanzung klebt das Weibchen die Eier an Steine oder Pflanzen in einer vom Männchen ausgehobenen Laichgrube. Das Männchen bewacht anschließend das Nest und befächelt das Gelege, um einen leichten Wasserstrom aufrechtzuerhalten und die Eier vor Übersandung zu schützen.

Ebenfalls in nährstoffreichen Gewässern ist unser größter Süßwasserfisch, der **Europäische Wels** *(Silurus glanis)*, zu Hause. Aufgrund seines hohen Hämoglobingehalts im Blut kann er auch in sauerstoffärmerem Wasser überleben. Charakteristisch sind sein breiter Kopf und der schuppenlose Körper. Welse wachsen zeitlebens und können sehr groß werden – in jeder Region wird es wohl einen See geben, von dem schon die Großmutter erzählt hat, dass es dort einen über drei Meter langen Wels gibt, der Hunde oder kleine Kinder auf dem Gewissen hat! Dass Welse auch kleine Säugetiere fressen, wenn sie sie erbeuten können, ist nachgewiesen, und auch, dass sie knapp drei Meter lang und fast drei Zentner schwer werden können. Doch die Zeiten, als Welse derart alt und groß werden konnten, sind lange vorbei und Wels-Angriffe auf Haustiere oder gar Menschen extrem selten.

Welse halten sich tagsüber in Ufernähe auf, in der Dämmerung und nachts gehen sie auf die Jagd. Wie beim Zander gräbt das Männchen eine Laichgrube und kümmert sich bis zum Schlupf der Jungtiere um das Gelege.

Das ursprüngliche Verbreitungsgebiet der Art liegt in Europa östlich des Rheins bis nach Westasien. Der wertvolle Speisefisch zeichnet sich durch weißes, gräten- und fettarmes Fleisch aus. Durch meist illegalen Besatz in Gewässer weltweit findet er sich heute auch in Süd- und Westeuropa sowie Ostasien, Nordafrika und Südamerika. Der konkurrenzstarke Europäische Wels entwickelt nicht selten invasive Massenvorkommen zum Nachteil der indigenen Fischfauna.

ZANDER · Sander lucioperca

Der dritte im Bunde unserer großen Raubfische ist der **Hecht** *(Esox lucius)*, der in weitläufigen, vernetzten Seen und Flüssen lebt. Er ist ein Kurzstreckenwanderer, der im zeitigen Frühjahr in Auengebiete mit gut ausgebildeten Wasserpflanzenbeständen oder in überflutete Wiesen zieht. Dort heftet das Weibchen seine Eier an Wasserpflanzen, untergetauchte Gräser oder ins Wasser ragende Zweige. Die Larven schlüpfen im vergleichsweise warmen Flachwasser nach rund zwei Wochen und bleiben noch an den Pflanzen hängen, bis der Dottersack aufgezehrt ist. Danach tummeln sie sich im Pflanzendickicht und fressen tierisches Plankton, bis sie sich mit etwa zwei Zentimeter Länge ins offene Wasser trauen. Das ist ungefähr die Zeit, in der sich meist das Frühjahrshochwasser aus den Auen und Nasswiesen, also den Babystuben des Hechtes, zurückzieht.

So sie nicht selber Beute von Raubfischen oder Greifvögeln werden, wachsen die jungen Hechte schon im ersten Sommer zu einer Länge von bis zu 40 Zentimeter heran. Wie die erwachsenen Tiere verstecken sie sich zum Jagen gerne in lockeren Röhrichtbeständen.

Panta rhei – alles fließt

Dass Fische wie der Hecht zum Laichen in bestimmte Gewässerabschnitte ziehen und dabei bis zu einem bestimmten Grad auch in der Lage sind, Hindernisse zu überwinden, ist seit Langem bekannt. Aber Wanderungen eines Fisches, die zu den abenteuerlichsten und großartigsten Tierwanderungen gehören, haben Biologen erst vor knapp 100 Jahren entdeckt.

Der **Europäische Aal** *(Anguilla anguilla)* laicht irgendwo in der Sargassosee, einem gut fünf Millionen Quadratkilometer großen Gebiet im westlichen Atlantik. Zwei bis drei Jahre dauert es, dann sind die kleinen, noch durchsichtigen und flachen Aallarven aus der Sargassosee mit dem Golfstrom vor die Küsten Europas geschwommen. Ein Teil von ihnen bleibt in den Küstenregionen, ein anderer Teil beginnt im Frühjahr, die Flüsse hinaufzuwandern, teils Tausende von Kilometern weit. Dabei machen die stetig wachsenden Aale nächtliche Jagd auf alles, was sie erbeuten können: Wirbellose wie Schnecken, Krebstiere, Insekten- und Fischlarven, kleine Fische oder Amphibien. Tagsüber verstecken sie sich unter Steinen, Totholz, Wasserpflanzen oder graben sich auch mal in den Gewässergrund ein. Aale stellen keine großen Ansprüche an das Habitat und kommen mit fast allen Gewässern zurecht – ob kleinem Wiesenbach oder großem Fluss, klarem oder trübem See. Nur allzu kalt und strömungsreich mögen sie es nicht, daher fehlen sie in Gebirgsbächen.

Irgendwann, wenn sie sich nach einigen Jahren bis Jahrzehnten ordentlich Fett angefressen haben, werden die Aale unruhig und beginnen, flussabwärts zu wandern, um dorthin zu ziehen, wo sie hergekommen sind, in die Sargassosee. In dieser Zeit werden die bräunlichen Tiere mit gelblicher Unterseite dunkel silbrig, die Augen vergrößern sich, und schließlich stellen sie ihre Nahrungsaufnahme ein. Nicht nur das, der gesamte Magen-Darm-Trakt wird komplett zurückgebildet. An seiner Stelle entwickeln sich die

Geschlechtsorgane, und die Tiere zehren den ganzen weiten Weg bis vor die Ostküste Floridas nur noch von den Fettreserven, die sie sich über die Jahre angefressen haben.

Auch wenn Forscher mit Sendern und modernster Satellitentechnik die Wanderungen der Tiere inzwischen nachverfolgen können – so ist bekannt, dass sie nachts nahe der Wasseroberfläche schwimmen und tagsüber rund 1000 Meter tief hinuntersteigen –, die Begattung, das Laichen und anschließende Sterben der Aale sind wie der Schlupf der neuen Generation immer noch ein Geheimnis der tiefen Sargassosee.

Wer weiß, ob es je gelüftet werden kann. Denn der Europäische Aal, einst der häufigste Fisch in unseren Gewässern, ist vom Aussterben bedroht. Technische Bauwerke wie Wasserkraftwerke versperren ihm den Weg flussaufwärts, eingeschleppte Schädlinge und Krankheiten schwächen die Tiere derart, dass sie ihre Laichgründe nicht mehr erreichen, als beliebter Speisefisch wird er in hohem Maße inzwischen illegal überfischt, und die Belastung unserer Gewässer mit Rückständen aus Industrie und Landwirtschaft schädigt Stoffwechsel und Fortpflanzung der Tiere. Inwiefern sich der Klimawandel auf den Golfstrom und damit auf die Wanderung der Abermilliarden Jungaale an die europäischen Küsten auswirkt, ist noch völlig ungewiss.

Im Gegensatz zum Aal fühlen sich **Bachforelle** *(Salmo trutta)* und **Barbe** *(Barbus barbus)* in kühlen, klaren, strömungs- und sauerstoffreichen Gewässern mit sandigem oder kiesigem Grund wohl. Beide Arten sind in Europa und dem westlichen Asien verbreitet, und beide sind aufgrund von Verschmutzungen und Verbauungen ihrer Lebensräume drastisch zurückgegangen. Durch verbesserte Wasserqualität, den Rückbau von Wasserkraftwerken oder den Bau von Fischtreppen erholen sich die Bestände allmählich, sodass die Wildvorkommen beider Arten nur noch regional gefährdet sind.

Bachforellen zählen zur Familie der Lachsfische (Salmoniden) und Barben zu den Karpfenfischen (Cypriniden). Ihre Brut wächst, solange sie noch vom Dottersack zehrt, im Kiesbett der Gewässer auf. Ist der Dottersack aufgebraucht, wagen sich die Jungfische ins freie Wasser und ernähren sich zunächst von tierischem Plankton und mit zunehmender Größe von Wirbellosen. Die gesellig lebende Barbe verschmäht auch pflanzliche Beikost nicht.

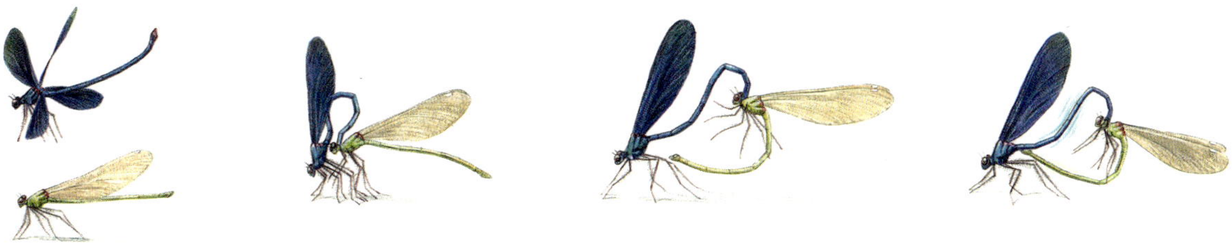

Während große Exemplare von Bachforelle und Barbe zuweilen durchaus mal Jagd auf kleine Fische machen, ist eine Vielzahl unserer heimischen Fischarten den Friedfischen zuzurechnen. Das heißt aber nicht, dass sich Renke, Karausche, Karpfen und all die anderen Friedfische ausschließlich vegetarisch ernähren. Fische und andere Wirbeltiere stehen nur selten auf dem Speiseplan, sie ernähren sich vorzugsweise von Plankton sowie Wirbellosen und deren Larvenstadien. Dazu gehören Libellenlarven, Mückenlarven wie die unserer unbeliebten Stechmücken, aber auch Zuckmückenlarven, am Boden lebende Köcherfliegen-Larven oder Larven von Eintagsfliegen. Insektenlarven finden sich in nahezu allen Gewässern, wobei das jeweilige Artenspektrum in feinster Weise die Wasserqualität des Habitats anzeigt, und dienen als Bioindikatoren bei der Bestimmung der Gewässergüte.

Ein Sommertag wie aus einem Bilderbuch: Entlang der grünen Ufer eines kleinen Baches flattern Hunderte von Insekten mit blau schimmernden Flügeln. Ab und zu setzt sich eines der ruhelosen Tiere kurz nieder und zeigt sich dem Betrachter in seiner ganzen Schönheit. Es sind Prachtlibellen: große, blau schimmernd gefärbte Libellen mit recht breiten Flügeln, die eine Spannweite von etwa sieben Zentimeter erreichen.

In Mitteleuropa gibt es zwei Arten, die leicht zu unterscheiden sind: Die Männchen der selteneren Blauflügeligen Prachtlibelle *(Calopteryx virgo)* haben blau oder blaugrün schimmernde Flügel. Bei den Männchen der weniger anspruchsvollen **Gebänderten Prachtlibelle** *(Calopteryx splendens)* sind die Flügel durchsichtig und haben ein breites, dunkelblaues Band. Die Weibchen sind bei beiden Arten unscheinbarer bräunlich beziehungsweise grünlich gefärbt.

Auch Prachtlibellen gehören zu den Tieren, die in unserer Landschaft dank erfolgreicher Umweltschutzmaßnahmen wieder häufiger geworden sind. Denn wo die Wasserqualität wieder in Ordnung ist, siedelt sich auch die Prachtlibelle wieder an. Sie benötigt klare und sonnige Bäche und kleine Flüsse, wo die Weibchen ihre Eier in Wasserpflanzen einstechen. Sie tauchen dabei zuweilen unter und können lange unter Wasser bleiben.

In Mitteleuropa dauert es meist zwei Jahre, bis die Larven, die sich räuberisch von kleinen Wassertieren ernähren, nach einem Dutzend Häutungen knapp 2,5 Zentimeter groß sind. Dann klettern sie für ihre letzte Häutung an einer Pflanze empor: Es dauert rund eine Stunde, bis die fertige Libelle aus der Exuvie geschlüpft ist. Nach weiteren rund zehn Tagen sind die Junglibellen ausgereift, und die Männchen suchen sich ein Revier, das sie gegen Rivalen vehement verteidigen. Kommt aber ein Weibchen vorbei, fliegt das Männchen

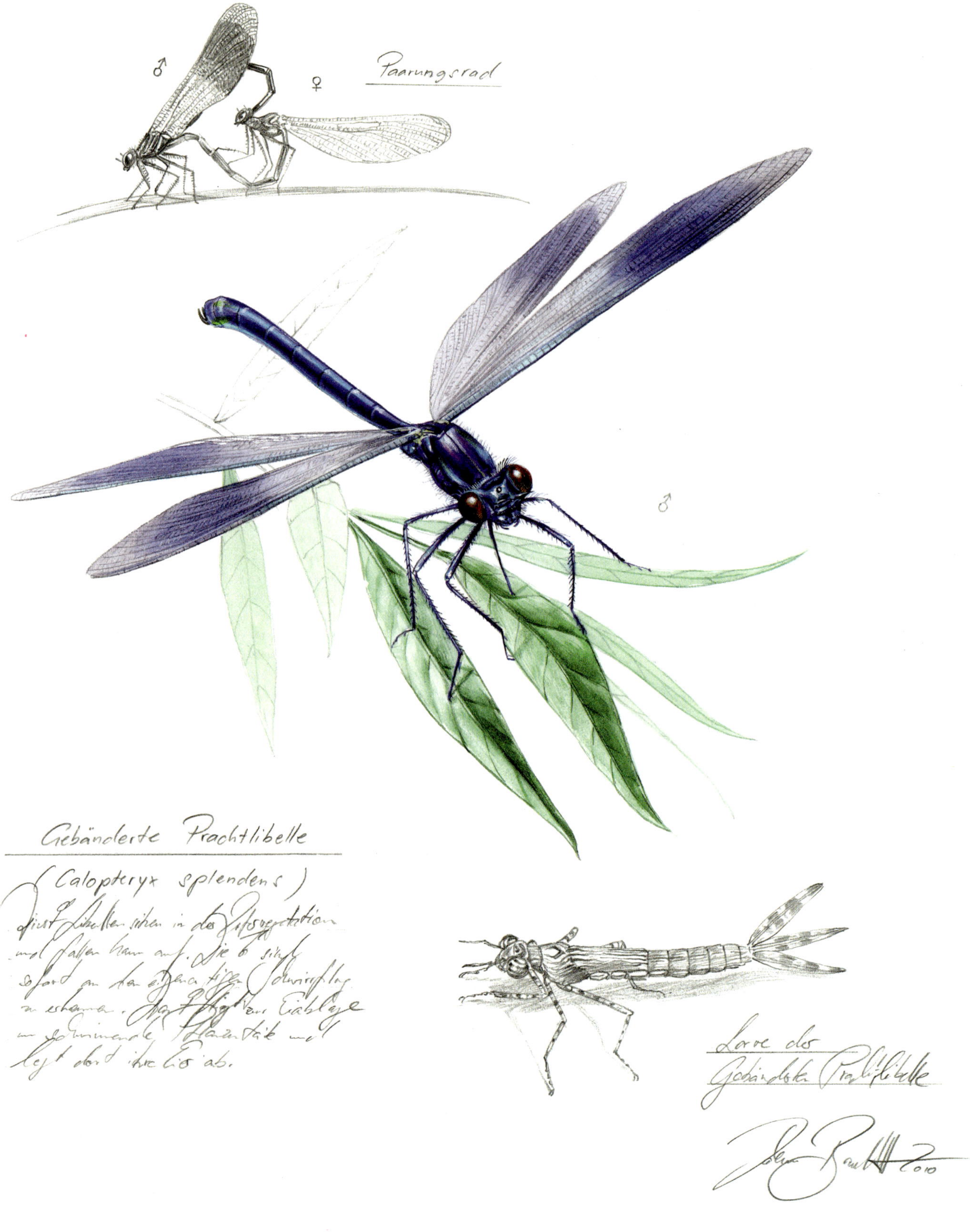
Paarungsrad
♂
♀
♂
Gebänderte Prachtlibelle
(Calopteryx splendens)
Larve der
Gebänderten Prachtlibelle

schwirrend an die Wasseroberfläche und wieder hoch. Gefallen dem Weibchen Hochzeitstanz und Eiablagemöglichkeit, findet eine kurze Paarung statt, bei welcher die Körper der beiden Tiere das charakteristische Paarungsrad der Libellen bilden. Anschließend legt das Weibchen die Eier ab – streng bewacht vom Männchen, das weiterhin keinen Eindringling in seinem Revier duldet.

Die Prachtlibellen sind Indikatoren für sauberes, klares Wasser. Hingegen kann die in Europa weit verbreitete **Gemeine Eintagsfliege** oder **Braune Maifliege** *(Ephemera vulgata)* noch in mäßig belasteten Gewässern überleben, vorausgesetzt, am Gewässerboden ist genügend Sauerstoff. Denn dorthin sinken die Eier, die das Weibchen nach der Paarung von seinem Hinterleib an der Wasseroberfläche abgestreift hat. Nach dem Schlupf gräbt sich die Larve in den Boden ein und ernährt sich vor allem von abgestorbenen pflanzlichen Partikeln, die auf den Gewässergrund gesunken sind.

Mindestens zwei Jahre dauert es, bis die Eintagsfliegen-Larven nach rund zwei Dutzend Häutungen das Wasser verlassen und ihr kurzes Leben in der Luft beginnen. Dazu steigen die Larven – häufig gleichzeitig – zur Wasseroberfläche auf und häuten sich ein vorletztes Mal. Diese Form, Subimago genannt, kann bereits fliegen, hat aber meist noch milchige Flügel. An Land erfolgt dann die letzte Häutung zum geschlechtsreifen Tier, dem nur wenige Stunden bis Tage vergönnt sind. Angesichts der kurzen Lebensspanne der Imagines, also der erwachsenen Tiere, spielt Fressen keine Rolle mehr. Die einzige Funktion der erwachsenen Tiere ist es, sich fortzupflanzen. Dazu schwärmen die Männchen aus, bilden dichte Wolken aus manchmal Tausenden von Tieren, in welche die Weibchen zur Begattung hineinfliegen. Während die Männchen gleich nach der Begattung sterben, fliegen die Weibchen für die Eiablage zum nächsten Gewässer. Rund 5000 Eier legt ein einziges Eintagsfliegen-Weibchen, bevor es stirbt und auf die Wasseroberfläche fällt, als Leckerbissen für Fische, Vögel und räuberische Insekten.

Zum Beispiel für die **Karausche** *(Carassius carassius)*, einen sehr genügsamen Friedfisch. Ursprünglich war die Art wahrscheinlich in Osteuropa und Asien heimisch, heute ist sie in fast ganz Europa verbreitet, wo sie in flachen, warmen und pflanzenreichen Tümpeln, Dorfteichen, Seen, Altarmen oder sehr strömungsarmen Bereichen größerer Flüsse lebt. Sie kommt mit einem niedrigen Sauerstoffgehalt im Wasser aus und ist sehr widerstandsfähig: Bei Austrocknung ihres Gewässers kann sie einige Tage im Schlamm überleben. Trotzdem ist die Karausche zunehmend regional gefährdet, da ihr Lebensraum immer weiter zerstört wird. Gerade kleinere Seen, Moorgewässer oder Bäche leiden unter Uferverbauungen, Verlandungen oder massivem Nährstoffeintrag aus umliegender intensiver Landwirtschaft, durch die ihre Lebensgemeinschaften in den letzten 20 bis 30 Jahren zerstört wurden.

Auch die Wildform des **Karpfens** *(Cyprinus carpio)*, der wie die Karausche aus dem östlichen Europa stammt, ist zunehmend gefährdet. Der Karpfen ist ein scheuer Fisch und zieht sich in seinen Habitaten, warmen, flachen Süßwasserseen und Flüssen, stets in strukturreiche Abschnitte zurück.

Als Art ist der Karpfen jedoch nicht gefährdet, im Gegenteil. Bereits im alten Rom wurde er als Speisefisch gehalten, und manche einst im Mittelalter angelegten Fischteiche werden auch heute noch zur Karpfenzucht genutzt. Inzwischen ist er weltweit als Besatzfisch in viele Gewässer eingeführt worden, nicht immer zum Wohl der heimischen Flora und Fauna. Die großen, gründelnden Fische zerstören Wasserpflanzen und wirbeln viel Sediment und Schlamm am Gewässerboden auf, sodass sich die Lichtbedingungen für die verbleibenden Pflanzen sowie für andere Tiere zusehends verschlechtern. Nicht von ungefähr steht der Karpfen auf der Liste der 100 schlimmsten invasiven Arten, die von Experten der internationalen Naturschutzorganisation IUCN (International Union for Conservation of Nature) herausgegeben wird.

Auch wenn sie es nicht auf die Liste der weltweiten, sondern nur auf die Liste der europäischen invasiven Übeltäter geschafft haben, richten amerikanische Flusskrebs-Arten bei uns ebenfalls beträchtlichen Schaden an. Allen voran haben sie den **Edelkrebs** oder **Europäischen Flusskrebs** *(Astacus astacus)* fast vollständig verdrängt. Der Edelkrebs ist heute nur noch in wenigen Gewässern zu finden, vor allem in Frankreich, im nördlichen Skandinavien, auf dem Balkan und in Teilen Osteuropas, und ist streng geschützt.

Die Edelkrebs-Weibchen tragen die befruchteten Eier ein halbes Jahr lang unter ihrem Hinterleib, bis im Frühsommer die Larven schlüpfen. So sie nicht Beute von Fischen werden, verbleiben die Jungtiere noch einige Zeit bei der Mutter. Mit bis zu zehn Häutungen im ersten Lebensjahr wachsen sie schnell heran, denn bei der Nahrung sind sie nicht wählerisch. Als Allesfresser ernähren sich Flusskrebse von Algen, Wasserpflanzen und Wirbellosen wie Schnecken, Muscheln, Insekten und deren Larven. Ab dem vierten Lebensjahr häuten sich die Tiere nur noch einmal jährlich, Männchen zuweilen zweimal. Sie können bis zu 20 Zentimeter groß und 20 Jahre alt werden.

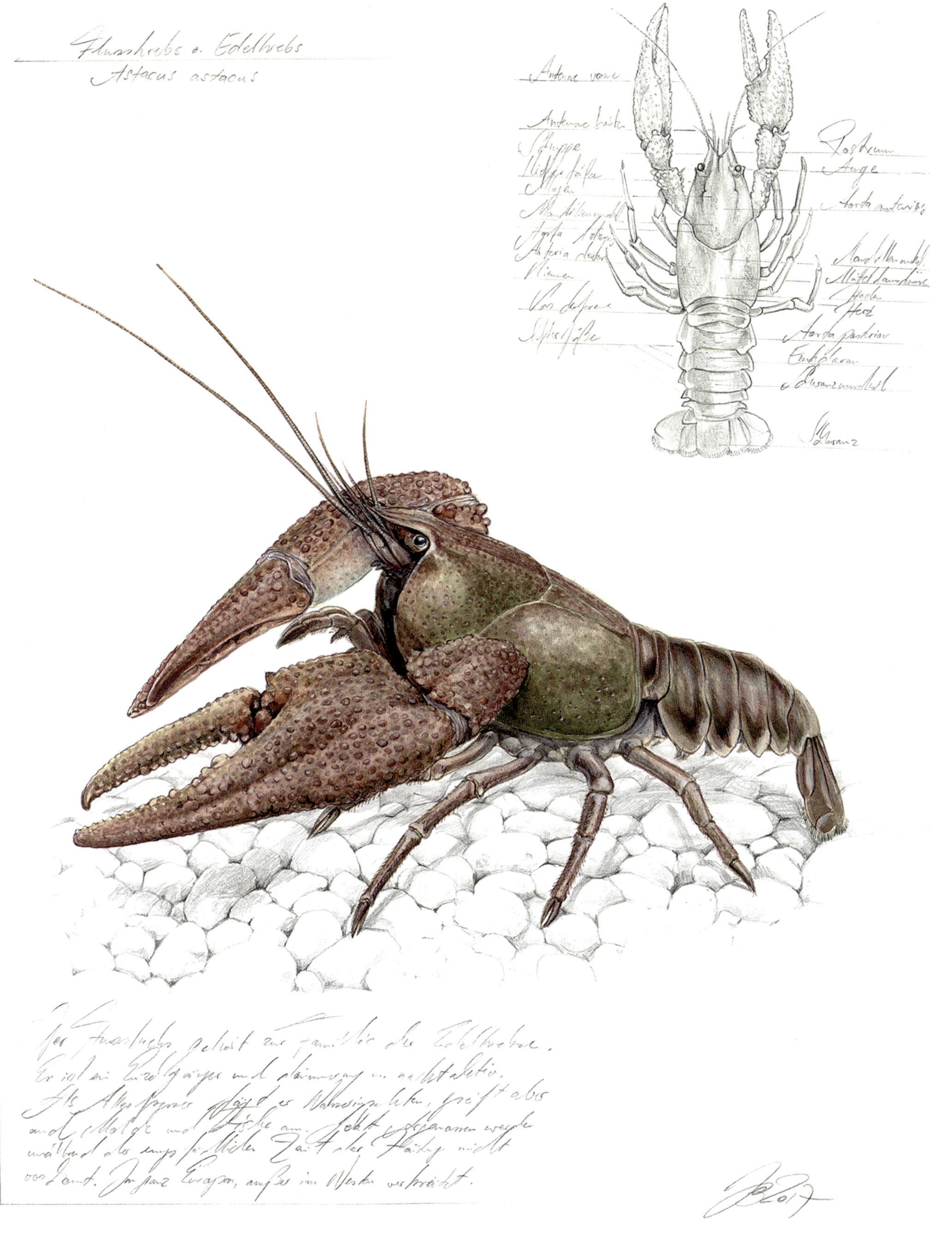
Flusskrebs o. Edelkrebs
Astacus astacus
Rostrum
Auge
Herz

Unsere Wälder –

weitaus mehr als

viele Bäume

Rotstengelmoos
Pleurozium schreberi
Widertonmoos
Polytrichium formosum
Thujamoos
Thuidium tamariscinum
Großes Kranzmoos
Rhytidiadelphus triquetrus
Gabelzahnmoos
Dicranum scoparium
Laubholzschrecke · Barbitistes serricauda

Rotbuche (Fagus sylvatica)
Maronenröhrling
Imleria badia
Carabus coriaceus

Auf leisen Schwingen durch die Nacht

Ein frühsommerlicher Tag Mitte Mai neigt sich dem Ende. Das abendliche Vogelkonzert der Amsel ist verklungen. Während die Dämmerung am Horizont verschwindet, ist im bereits tiefdunklen Wald das nächtliche Leben erwacht.

Ein **Waldkauz** *(Strix aluco)* schwingt sich lautlos von einem Baum in Richtung Waldrand. Hier, am Waldsaum, auf angrenzenden Feldern und Wiesen ist der Tisch für ihn reich gedeckt. Seine Hauptbeute sind allerlei Mäuse, deren charakteristische leise Pfiffe und typisches Geraschel er mit seinen feinen Ohren auch aus der Luft wahrnimmt. Im lautlosen Sturzflug fliegt er hinunter, seine Augen erspähen das Tier, und mit seinen Klauen packt er zielgerichtet zu. Feld- und Waldmäuse sind sein bevorzugtes Futter, er frisst aber auch Wühl- und Spitzmäuse, Wanderratten, Vögel, Fische, Amphibien, Insekten und Regenwürmer.

Der Waldkauz ist die häufigste Eule in Mitteleuropa und lebt in Wäldern, aber auch in Parks und Gärten. Er selbst hat kaum Feinde, er wird lediglich ab und zu Beute von Habichten, Bussarden oder dem größten Eulenvogel der Welt, dem **Uhu** *(Bubo bubo)*.

Uhu-Weibchen sind mit fast 70 Zentimeter Körpergröße und fast zwei Meter Flügelspannweite stattliche Tiere. Die Männchen sind deutlich kleiner, erreichen aber immerhin eine Flügelspannweite von über 1,5 Metern. Es ist faszinierend, wie diese riesigen Vögel sich geschickt durch den Wald bewegen. Wie alle Eulen haben sie große Augen, mit denen sie auch im Dunkeln hervorragend sehen, und auch sie fliegen fast lautlos durch die

Schleiereule
(Tyto alba)

Nacht. Lange haben Wissenschaftler gebraucht, um die physikalischen Grundlagen dazu bis ins letzte Detail zu verstehen: Es ist die Kombination aus kammartigen Strukturen auf der Flügeloberkante, daunenartigen Strukturen auf der Flügeloberseite und einer gefransten Hinterkante, die den Schall, der durch die Luftverwirbelungen entsteht, praktisch vollständig schluckt. Diese Erkenntnis kann vielleicht eines Tages dazu dienen, leisere Flugzeuge, Windräder oder Unterwasserboote zu bauen – ein typisches Beispiel für die Bionik, die verschiedenste Strukturen bei Pflanzen und Tieren erforscht und in technische Konstruktionen übersetzt.

Uhus sitzen tagsüber in Felsnischen, auf Bäumen oder in Gehölzen und sind wie der Waldkauz auf strukturreiche Landschaften angewiesen – also ein Mosaik aus Wäldern, Lichtungen, Waldsäumen, Feldern und Wiesen. Ihr Beutetierspektrum gleicht dem des Waldkauzes und ist lediglich um Säugetiere bis zur Größe von Kitzen oder Murmeltieren und Greifvögel erweitert.

Die **Schleiereule** *(Tyto alba)* lebt als typischer Kulturfolger in der Nähe menschlicher Siedlungen. Ihre Nahrung besteht vorzugsweise aus verschiedenen Mäusen, die sie wie alle Eulen komplett verschlingt und deren unverdauliche Reste – Knochen und Haare – sie als Gewölle nach der Mahlzeit herauswürgt. Als Mäusejäger, der das ganze Jahr über die lästigen Nager in Schach hält und im Winter in den Scheunen jagt, war sie trotz ihrer heimlichen Lebensweise ein gern gesehener Gast.

Die Partner unserer Eulenarten bleiben meist zeitlebens zusammen. Das Uhu-Männchen versorgt seine Partnerin bereits ab Dezember, das Waldkauz-Männchen ab dem Zeitpunkt, an dem im März das Brutgeschäft beginnt. Während der Waldkauz seine Eier meist in Baumhöhlen legt, ist der Uhu ein Felsenbrüter, der gelegentlich in Steilhängen oder in aufgelassenen Greifvogelnestern brütet. Die Schleiereule brütet vorzugsweise in Gebäuden wie Scheunen, Kirchtürmen oder in Ruinen. Waldkauz und Uhu legen meist zwei bis vier Eier, bei der Schleiereule können es auch ein paar mehr sein, aus denen nach rund einem Monat die Jungtiere schlüpfen. Nach etwa acht bis neun Wochen können sie fliegen, und noch mal so lange dauert es, bis sie selbstständig geworden sind – wenn sie nicht trotz vehementer Verteidigung durch die Alttiere die Beute von Greifen, Füchsen, Waschbären oder Baummardern geworden sind.

Baummarder *(Martes martes)* fressen neben Vogeleiern, kleinen Wirbeltieren, Wirbellosen und gelegentlich ein paar Früchten auch gerne Jungvögel. Die nachtaktiven Baummarder, die ausgezeichnete Kletterer sind und bis zu vier Meter weit springen können, meiden im Gegensatz zum Steinmarder die Nähe des Menschen und haben sich in unserer Landschaft in ungestörte Wälder der Mittelgebirgslandschaften zurückgezogen.

Transportunternehmen Waldameise

Die Schleiereule hat ihre Jagd beendet, da zieht die Morgendämmerung auf. Waldkauz und Uhu drehen ihre letzten Runden, da erklingt eine gute Stunde vor Sonnenaufgang bereits das Lied der **Singdrossel** *(Turdus philomelos)*.

Sie gehört zu den ersten Vögeln, die mit ihrem stets dreigliedrigen Gesang den neuen Tag begrüßen. Nur wenig später stimmen die **Amseln** *(Turdus merula)* in das Morgenkonzert ein. Die Männchen tragen ihren motivreichen Reviergesang, der zum Teil angeboren, zum Teil erlernt ist, von exponierten Sitzwarten aus vor. In dichten Laubwäldern, dem ursprünglichen Lebensraum der Amsel, sind das hohe Bäume oder frei stehende Äste. In den Dörfern und Städten, wo die Amsel zu den häufigsten Vögeln zählt, trägt sie ihr Morgen- und Abendlied gerne von einer Dachgiebelspitze vor.

Früh im Jahr hat sie angefangen zu singen. Bereits im Spätwinter erklingt ihr Lied und kündet vom nahenden Frühling, der am Boden von den Blütenglocken des Märzenbechers eingeläutet wird.

Der **Märzenbecher** *(Leucojum vernum)* gehört zu den sogenannten Frühjahrsgeophyten, die im Spätwinter oder zeitigen Frühjahr blühen, bevor die Bäume austreiben und mit ihrem dichten Laub den Waldboden verdunkeln. Als Frühblüher ist er für Bienen- und Tagfalterarten, die von den ersten warmen Sonnenstrahlen im März aus ihren Winterquartieren gelockt werden, eine wichtige Nahrungsquelle.

Nach der Blüte des Märzenbechers verlängert sich der Blütenstiel, an dem sich eine etwa zwei Zentimeter lange Kapsel entwickelt, die bei Reife am Boden liegt. Der aufmerksame Beobachter wird feststellen, dass Ameisen die unreife Frucht aufbeißen und deren Samen in ihren Bau tragen. Aber nicht der Samen selbst, sondern ein kleines, fetthaltiges und damit energiereiches Anhängsel, das Elaiosom, lockt die Ameisen an. Sobald das Elaiosom verzehrt ist, wird der Märzenbecher-Samen wieder aus dem Bau hinausgetragen. Ameisen sind ordentliche Tiere! Der Märzenbecher profitiert davon – er nutzt wie viele andere Frühjahrsgeophyten, etwa Krokus, Schneeglöckchen oder Lerchensporn, Ameisenvölker als Transportlogistikunternehmen zur Ausbreitung seiner Samen.

Mittlerweile hat sich das Kronendach im dichten Laubwald geschlossen. Ende Mai ist vom Märzenbecher nichts mehr zu sehen. Sein Laub ist eingezogen. In rund 20 Zentimeter Tiefe ruht nun die Zwiebel, deren fleischige Blätter die Nährstoffe für den Austrieb im nächsten Frühjahr speichern.

Im Bau der **Waldameisen** (Gattung *Formica*) herrscht geschäftiges Treiben. Es sind nicht nur die ölhaltigen Anhängsel verschiedener Pflanzensamen, die den Ameisen schmecken, diese machen nicht einmal 0,5 Prozent ihrer Nahrung aus. Ameisen ernähren sich als Süßschnäbel vom Honigtau der Blattläuse sowie von anderen Insekten und Spinnentieren, und sie beseitigen Kadaver. Als Allesfresser, auf deren Speiseplan auch gefürchtete Waldschädlinge wie verschiedene Borken- und Rüsselkäfer, Blattwespen oder Miniermotten stehen, sind Waldameisen für das ökologische Gleichgewicht der Wälder von immenser Bedeutung. Gleichzeitig lockern sie mit ihren unterirdischen Gängen den Waldboden, denn der aus Nadeln und Aststückchen aufgeschichtete Ameisenhaufen ist nur der kleinere, oberirdische Teil des hochkomplexen, geschickt angelegten und perfekt durchlüfteten Baus.

Genauso komplex ist das Sozialleben der Ameisen. Alle Tiere, ob Königinnen, Arbeiterinnen, die kurzlebigen geflügelten Männchen und die geflügelten Weibchen, haben klar definierte Aufgaben. Kommuniziert wird mithilfe diverser chemischer Stoffe, sogenannter Pheromone, welche die Tiere mit ihren über 2000 Sinneszellen an den Fühlern wahrnehmen, sowie mithilfe des gut entwickelten Seh- und Tastsinns. Während die Arbeiterinnen den Bau in Ordnung halten und verteidigen, Futter heranschaffen und sowohl Brut als auch Königin versorgen, dienen die kurzlebigen Männchen lediglich der Begattung der fortpflanzungsfähigen und geflügelten Weibchen. Letztere, ausgestattet mit einem Spermienpaket, das bis zum Ende ihrer bis zu 25-jährigen Lebenszeit reicht, werfen als Jungköniginnen die Flügel ab und kehren entweder in den Heimatbau zurück oder eröffnen eine Zweigstelle. So ganz ohne Arbeiterinnen ist das für eine junge Königin aber keine leichte Sache. Bei rund der Hälfte unserer Waldameisen-Arten kapern Jungköniginnen deshalb kurzerhand den Bau einer anderen Art, töten deren Königin und machen sich die Arbeiterinnen so lange zu eigen, bis der eigene Nachwuchs am Start ist. Manche Ameisenarten können ohne die Hilfe solcher Sklavenameisen nicht leben, andere nutzen sie fakultativ.

Die Bedeutung der Waldameisen für die Gesundheit des Waldes wurde schon früh erkannt. Als erste Insekten überhaupt wurden sie unter Schutz gestellt, in Deutschland schon vor über 200 Jahren. Trotzdem sieht es für Waldameisen nicht rosig aus. Viele Arten stehen mittlerweile auf den Roten Listen gefährdeter Arten oder haben zumindest in den modern bewirtschafteten Wäldern erhebliche Bestandseinbußen hinnehmen müssen. Eine moderne und umsichtige Forstwirtschaft fördert Waldameisen, indem lichte, sonnige Stellen für den Nestbau zur Verfügung stehen und Bäume stehengelassen werden, unter denen Ameisenhügel errichtet wurden oder die als sogenannte Belaufbäume mit ihren Läusen wichtige Honigtauquellen sind.

An ihren Früchten werdet ihr sie erkennen

Im dunklen Waldesinneren wie etwa in einem hoch gewachsenen Buchenwald wird man keine Ameisenhügel finden. Hier gelangen nur noch rund drei Prozent des Tageslichtes auf den Boden. Hier und da wächst ein wenig Waldmeister, der nur wenig Licht benötigt, oder eine junge **Rot-Buche** *(Fagus sylvatica)*.

Lange bleibt sie unter dem Schirm der alten Bäume klein und wächst nur wenige Zentimeter pro Jahr. Man mag kaum glauben, dass manche dieser Winzlinge schon zehn oder mehr Jahre auf dem Buckel haben! So lange können sie durchhalten, bis einer der alten Bäume umfällt und so Licht und Raum für den Nachwuchs schafft. Dann legen die Jungbäume los und wachsen bis zu 0,5 Meter pro Jahr.

Mit ihrer Schattentoleranz als Jungbaum, ihrem schnellen Wachstum und ihrer Anspruchslosigkeit ist die Rot-Buche in weiten Teilen Mitteleuropas die konkurrenzstärkste und dominierende Baumart. Sie kommt erst bei Niederschlägen unter 500 Millimeter pro Jahr und in kalten Lagen mit Jahresmitteln unter 7 Grad Celsius an ihre Grenzen. Solange es vor allem im Sommer genügend regnet, kommt sie auch mit warmen Temperaturen klar. Sie gedeiht auf praktisch allen Böden, lediglich staunasse, wechselfeuchte oder zu saure oder zu durchlässige Böden verträgt sie nicht. Und auch in schuttreichen Hangwäldern mit rutschenden Böden hat sie Probleme, denn ihre Borke ist gegen Steinschlag empfindlich.

Hier setzt sich die **Sommer-Linde** *(Tilia platyphyllos)* durch, die in Laubmischwäldern auf nährstoffreichen und gut mit Wasser versorgten Böden wächst. In Blockschutthalden und auf steilen Muschelkalkhängen befestigt die Sommer-Linde mit ihrem Wurzelgeflecht den Boden. Ihre Schwesternart, die Winter-Linde *(Tilia cordata)*, ist weniger nährstoff- und wärmebedürftig und gleichzeitig trockenresistenter.

Die Blüten der heimischen Linden-Arten öffnen sich im Sommer, dabei ist die Sommer-Linde rund zwei Wochen früher dran als die Winter-Linde. Anders als viele unserer im zeitigen Frühjahr blühenden Baumarten werden sie nicht durch den Wind bestäubt, sondern durch Bienen, Hummeln, Schwebfliegen und Hautflügler. Die Früchte hingegen nutzen den Wind, um weite Strecken zu überwinden: Sie werden als ganzer Fruchtstand mit einem Tragblatt fortgeweht, das sich wie ein Propeller dreht und dem Fruchtstand damit ein wenig Auftrieb verleiht.

Ähnlich robust sind die heimischen Eichen. Die beiden häufigsten mitteleuropäischen Arten sind die **Trauben-Eiche** *(Quercus petraea)* und die **Stiel-Eiche** *(Quercus robur)*. Es sind langlebige Baumarten. Die Stiel-Eiche wächst eher auf grundwassernahen, feuchteren und die Trauben-Eiche auf trockneren Standorten, wobei insbesondere Letztere recht gut mit Wärme und Trockenheit zurechtkommt und in Zeiten des Klimawandels eine wichtige Baumart der Zukunft sein wird. Anhand der Früchte sind die beiden Eichen-Arten übrigens ganz einfach zu unterscheiden: Die Stiel-Eiche hat gestielte, die Trauben-Eiche ungestielte Früchte. Bei den Blättern ist es umgekehrt: Die Blätter der Trauben-Eiche sind lang, jene der Stiel-Eiche kurz oder kaum gestielt.

Nicht nur Baum, ein Lebensraum

Dem **Eichelhäher** *(Garrulus glandarius)* ist es egal, ob die Früchte gestielt oder ungestielt sind. Rund zehn Stück kann er in Schlund und Schnabel transportieren, um sie als Wintervorrat im Boden zu verstecken. Mehrere Tausend sammelt er pro Saison und trägt damit entscheidend zur natürlichen Ausbreitung der Eiche bei. Ohne den Eichelhäher fallen die Eicheln als Plumpsfrüchte einfach vom Baum, und im Schatten der Mutterpflanze wird kaum ein junger Baum heranwachsen können. Hat ein Eichelhäher den Samen aber in einem Versteck vergessen, wo der Keimling mit genügend Licht und Wasser versorgt ist, kann sich vielleicht bald eine Eiche etablieren.

In manchen Jahren tragen die Eichen wenig Früchte. Dann weicht der Eichelhäher auf andere große Baumsamen aus und sammelt auch Bucheckern, Edelkastanien- oder Haselnuss-Samen – je nachdem, welche Baumarten in seinem Revier wachsen. Gibt es nicht genug Baumsamen, sucht er auch mal Mais- und Getreidefelder auf. Vor allem im Sommer frisst er Heuschrecken, darunter mit Sicherheit auch die **Laubholz-Säbelschrecke** *(Barbitistes serricauda)*, eine auf Europa beschränkte Art der Eichen- und Eichenmischwälder, und andere Insekten, mit denen er seine Brut versorgt.

Eichelhäher
Garrulus glandarius
Ordnung: Sperlingsvögel (Passeriformes)
Unterordnung: Singvögel (Passeri)
Familie: Rabenvögel (Corvidae)

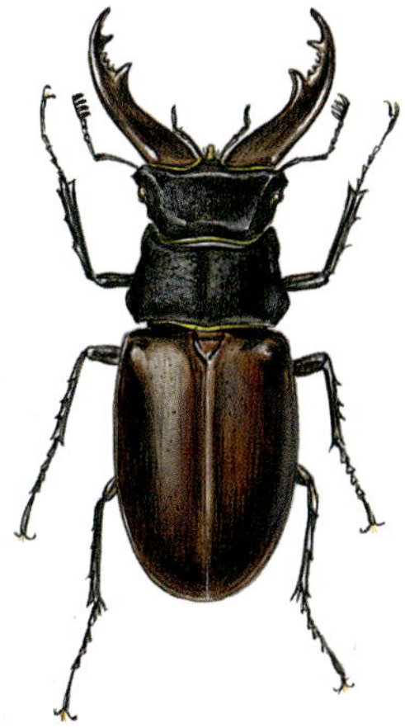

Es ist ein heißer, trockener Juliabend. Die Sonne neigt sich allmählich zum Horizont, da herrscht mit einem Mal am Waldrand, der von alten, knorrigen Eichen gesäumt wird, ein tiefes Brummen. Es kommt von einem der größten mitteleuropäischen Käfer, einem bis zu neun Zentimeter großen **Hirschkäfer** *(Lucanus cervus)*, der gerade auf der Suche nach einem paarungsbereiten Weibchen ist. Das – mit maximal 4,5 Zentimetern gerade einmal halb so groß wie das Männchen – findet er an Saftstellen alter Eichen, wo an Verletzungen süßer Baumsaft austritt. Baumsaft ist die einzige Nahrung der mächtigen Käfer. Manchmal befinden sich in der Rinde neben der Saftstelle Bakterien, die den Zucker des Baumsaftes zu Alkohol vergären. So mancher Hirschkäfer ist schon betrunken vom Baum gefallen.

Hirschkäfer-Männchen haben kräftige Mundwerkzeuge, die Mandibeln, deren geweihähnliche Gestalt dem Hirschkäfer den Namen gegeben hat. Ihr «Geweih» dient wie jenes des namengebenden Säugetieres vor allem dem Kräftemessen: Im Streit um ein Weibchen versuchen sich die Tiere gegenseitig vom Baum zu werfen. Der Stärkere wendet sich dem Weibchen an der Saftstelle zu, hindert es mit seinen Zangen zuweilen mehrere Tage am Weglaufen, bis die Tiere schließlich kopulieren. Der Baum versorgt beide derweil mit Proviant.

Nach der Begattung gräbt sich das Weibchen bis zu 0,5 Meter tief unter den Wurzeln alter Bäume oder unter Baumstubben in die Erde ein und legt dort seine Eier ab. Trocken und sonnig muss es sein, denn die Larven mögen es warm. Bis zu acht Jahre leben sie von morschem, feuchtem und verpilztem Holz vorzugsweise alter Eichen, bis sie sich eines Tages im Spätsommer eine Puppenwiege, einen dickwandigen Kokon, bauen. Dort vollziehen die bis zu 12 Zentimeter langen Larven die Metamorphose zum adulten Käfer, der den Winter über in der Puppenwiege verbleibt und erst im nächsten Sommer aus der Erde krabbelt. Und an heißen Sommerabenden wie seine Eltern auf Partnersuche durch die Luft brummt.

Eichelhäher
(Garrulus glandarius)

Rund um Bäume fliegt, kriecht und krabbelt es

Käfer sind die größte Insektenordnung weltweit. Es ist nicht einmal bekannt, wie viele verschiedene Käferarten es gibt, knapp 0,5 Millionen sind es mit Sicherheit. Rund 8000 Arten sind in Mitteleuropa heimisch. Käfer sind in allen Lebensräumen anzutreffen, in Feldern, auf Wiesen, im Wasser, in Dünen, vom Tiefland bis ins Hochgebirge. Im Laub- und Mischwald begegnen wir dem flugunfähigen **Leder-Laufkäfer** *(Carabus coriaceus)*, der wie fast alle heimischen Laufkäfer ein nächtlicher Jäger ist und diverse Insekten und andere bodenbewohnende Wirbellose erbeutet.

Der **Bienenkäfer** *(Trichodes apiarius)*, ebenfalls ein Jäger, ist hingegen tagsüber an warmen, sonnigen Waldrändern, in Gärten und Parks anzutreffen. Häufig findet man ihn auf Doldenblütlern wie der Wilden Möhre, wo er auf den Blütenständen auf Bestäuber lauert und auch den eiweißreichen Pollen nicht verschmäht. Seine Larven leben als Räuber in Nestern von Solitär- und Honigbienen.

Reine Vegetarier hingegen sind Maikäfer und Alpenbock. **Maikäfer** (*Melolontha*-Arten) waren bis zur großflächigen Anwendung von Insektiziden gefürchtete Waldschädlinge, die ungefähr alle vier Jahre mit Massenauftreten ganze Laubbäume kahl fressen konnten. Die gefräßigen Laven, die Engerlinge, entwickeln sich vier Jahre lang im Boden und ernähren sich von Pflanzenwurzeln. Bei uns gibt es drei Maikäfer-Arten: den Wald-Maikäfer *(Melolontha hippocastani)*, den Feld-Maikäfer *(Melolontha melolontha)* und den nur im Südwesten Mitteleuropas vorkommenden Kaukasischen Maikäfer *(Melolontha pectoralis)*.

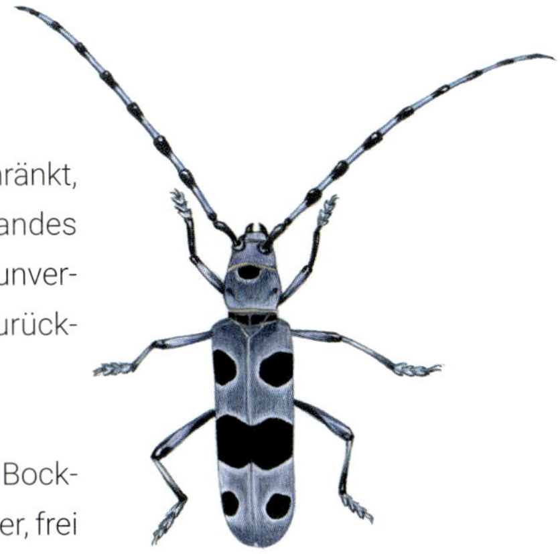

Der **Alpenbock** *(Rosalia alpina)* ist nicht, wie man meinen könnte, auf die Alpen beschränkt, er ist allgemein eine Art der Buchenwälder. Weil aber viele Buchenwälder des Tieflandes und der Mittelgebirge ihr keine geeigneten Lebensbedingungen mehr bieten, ist die unverwechselbare Art heute im Wesentlichen auf die Buchenwälder der Alpenregion zurückgedrängt worden.

Der charakteristische große, blaue Käfer mit individuellen schwarzen Flecken und Bockkäfer-typischen langen Fühlern legt seine Eier bevorzugt in Holzrissen abgestorbener, frei stehender und besonnter Buchen oder anderer Laubbäume ab. Hauptsache, die Bäume stehen licht und warm. Zuweilen nutzt er tote Äste noch lebender Bäume oder frisch geschlagene, sonnig gelagerte Holzstämme. Kein Wunder, dass in unseren aufgeräumten Wäldern, wo Totholz stets entfernt wird, der Alpenbock sehr selten geworden ist! Bis zu vier Jahre fressen sich die Larven durch das Totholz, bevor sie sich im zeitigen Frühjahr verpuppen. Wie bei vielen Käferarten schlüpfen zuerst die Männchen, die sich flugs eine geeignete Stelle an einem Brutbaum suchen, diese vehement gegen Rivalen verteidigen und dort die rund eine Woche später anfliegenden Weibchen hofieren. Das Leben der adulten Käfer ist im Gegensatz zu jenem der Larven kurz, es währt nur einen guten Monat. Nahrung nehmen sie kaum auf, sie saugen lediglich von Zeit zu Zeit an Baumsaft.

Der Alpenbock ist eine weltweit gefährdete Art und europaweit geschützt. Inzwischen zeigen einfache Schutzmaßnahmen hier und da erste Erfolge: das Stehenlassen hoher, besonnter Laubbaumstümpfe, wo sich die Larven ungestört entwickeln können, der Verzicht auf komplette Kahlschläge sowie auf den Abtransport von frisch geschlagenem Holz vor der Eiablage der Käfer im Sommer, damit ihre Larven nicht im Sägewerk oder im Kamin enden.

Maikäfer und Alpenbock benötigen warme, eher trockene Wälder. Wo hingegen naturnahe Laubmischwälder in Grundwassernähe wachsen, wo kleine Bäche den Wald durchziehen und es viele Kleinstrukturen wie Steine, Felsbrocken, große Wurzeln und Totholz gibt, ist der Lebensraum des farbenprächtigsten heimischen Amphibiums, des **Feuersalamanders** *(Salamandra salamandra)*. Seine Verbreitung reicht bis in das südliche Europa.

Trotz der auffälligen, meist gelben, seltener rötlichen, orangen, braunen oder olivgrünen Flecke sieht man die Tiere selten. Feuersalamander verbringen den Tag gut versteckt unter Totholz oder Steinen, in Baumstubben, verlassenen Kleintierbauten oder alten Wasserstollen und kommen erst in der Dämmerung heraus, um zu jagen. Nur wenn nach langen Trockenperioden ein heftiges Sommergewitter die Hitze vertrieben hat, sind sie

FEUERSALAMANDER *Salamandra salamandra*

Der Feuersalamander ist in fast ganz Mitteleuropa sowie Südeuropa verbreitet. Man unterscheidet sie an der gelben bzw. schwarzen Zeichnung, dabei bildet er mehrere Unterarten. Er ist vor allem in bewaldeten Hügellandschaften zu finden. Meist sind es Laubwälder, die besiedelt werden. In reinen Nadelwäldern oder im Auwald fehlt er gänzlich. Bei schönem Wetter oder tagsüber ist er unter Steinplatten oder Baumstümpfen versteckt. Bei feuchtem und kühlem Wetter ist er aber auch tagsüber aktiv.

Im Gegensatz zum adulten Tier sind die Larven nicht durch Giftigkeit geschützt. Der Feuersalamander legt keine Eier, sondern bringt lebende Junge zur Welt. Sie sind bräunlich gefärbt und tragen äußere Kiemen. Meist werden die Larven in Quellbächen mit kühlem Mikroklima entlassen. Einige Populationen können allerdings fertig entwickelte Junge gebären, die sofort terrestrisch leben können. In wenigen Fällen wurde jedoch Neotenie beobachtet. Obwohl der Salamander ein giftiges Sekret absondert, kann man ihn unbedenklich anfassen. Allerdings auf Schleimhäute und offene Wunden wirkt es toxisch.

Johann Brandstetter 2014

auch mal am Tag unterwegs auf der Suche nach allem, was krabbelt und kriecht und kleiner ist als sie selbst: Insekten, Schnecken, Spinnen, Regenwürmern und auch mal einem kleinen Frosch oder Molch.

Erwachsene Feuersalamander haben keine natürlichen Fressfeinde. Ihre Warntracht signalisiert, dass es sich um denkbar ungenießbare Zeitgenossen handelt. Sollten sie trotzdem angegriffen werden, sondern Feuersalamander aus ihren Ohrdrüsen ein schaumiges Hautsekret ab, dass sie bei höchster Gefahr auch einige Dezimeter weit spritzen können. Angesichts eines solch unappetitlichen Empfangs lässt der Angreifer den Feuersalamander in Ruhe.

Einzigartig ist die Fortpflanzungsbiologie der Art. Die Tiere paaren sich im Herbst und wandern anschließend in ihre Winterquartiere, frostfreie Höhlen, wo die sommerlichen Einzelgänger in größeren Gruppen die kalte Jahreszeit überdauern. Die Weibchen legen ihre Eier nicht ab, sondern tragen sie so lange im Körper, bis die Larven fertig entwickelt sind, das dauert rund fünf Monate. Im Frühjahr sucht das Weibchen einen geeigneten Bach mit acht bis zehn Grad Celsius kaltem, sauberem und sauerstoffreichem Wasser auf, dessen Ufer mit Steinen und Wurzeln den Larven genügend Rückzugsmöglichkeiten bietet und in dem keine Fische leben. Hier hat es selbst als Larve gelebt, und hier setzt es in der Nacht etwa drei Zentimeter lange Larven ins Wasser ab, deren Eihüllen bei der Geburt aufplatzen. Über mehrere Nächte setzt das Weibchen bis zu 30 Larven ab.

Die hellbraunen Kaulquappen haben wie die erwachsenen Tiere bereits gelbe Flecke und sind damit von anderen Lurchenlarven gut zu unterscheiden. Sie leben wie die erwachsenen Salamander räuberisch. Zwei bis fünf Monate dauert ihre Entwicklung, dann gehen die etwa fünf Zentimeter kleinen Jungsalamander an Land. Bis ihre Giftdrüsen voll entwickelt sind, dauert es noch zwei bis drei Jahre.

Feuersalamander werden in Mitteleuropa knapp 20 Zentimeter lang und erreichen in der Natur ein recht hohes Alter von 20 bis 25 Jahren. Wenn sie nicht vorher von einem Pilz befallen werden, der sich in besorgniserregender Weise seit einigen Jahren europaweit ausbreitet. *Batrachochytrium salamandrivorans*, so der wissenschaftliche Name des aus Asien stammenden Erregers, befällt die Haut der Feuersalamander und führt innerhalb kurzer Zeit zum Tod des Tieres. Die Erreger, die auch andere Amphibien befallen, sind wahrscheinlich über den Zoohandel zu uns gekommen und werden als langlebige Sporen über das Wasser und mit der Erde ausgebreitet – und das über weite Strecken, am Auto- oder Traktorenreifen, am Schuh des ahnungslosen Wanderers oder an den Pfoten seines Hundes. Es bleibt abzuwarten, ob eine der schönsten europäischen Amphibienarten eine Zukunft hat oder binnen kurzer Zeit vollständig vernichtet wird.

Ohne Moos immer noch nichts los – Wasserspeicher und Herberge

Die kleine Böschung am Bach, wo das Feuersalamander-Weibchen seine Larven abgesetzt hat, ist dicht mit leuchtend grünen und weichen Moospolstern überzogen. Sie werden aus unzähligen kleinen, gleichmäßig verzweigten Stämmchen gebildet, die mit zarten Blättchen besetzt sind. Das **Tamarisken-Thujamoos** *(Thuidium tamariscinum)*, eines unserer schönsten Laubmoose, wächst an feuchten Stellen auf humosem Boden, auf Gestein oder Totholz. Seine dichten Rasen können Niederschläge wie ein Schwamm aufsaugen. Sie verhindern, dass bei Starkregen das Wasser oberflächlich abfließt, und verzögern in Trockenperioden die Bodenaustrocknung. Den Moosen selbst macht es nichts aus, wenn sie austrocknen. Es sind wechselfeuchte Pflanzen, die bei Trockenheit einfach ihren Stoffwechsel einstellen und auf Sparflamme weiterleben. Kaum werden Blättchen und Stämmchen vom Wasser benetzt, kurbeln sie ihren Stoffwechsel wieder an. Spezifische Zellen zum inneren Wassertransport wie bei den Gefäßpflanzen gibt es bei den meisten Moosen nicht, die Wasserleitung erfolgt äußerlich kapillar an Stämmchen und Blättchen entlang.

Ein wenig höher, wo es etwas lichter und trockener ist, wächst der **Große Runzelbruder** *(Rhytidiadelphus triquetrus)*, auch Großes Kranzmoos genannt, eine häufige Art mit einer weiten ökologischen Amplitude. Egal, ob auf Rohhumus, Totholz oder Gestein, ob auf saurem oder basischem Untergrund, ob licht oder schattig, ob trocken, wechselfeucht oder durchgängig feucht.

Das **Goldene Frauenhaarmoos** *(Polytrichum commune)*, auch Gemeines Widertonmoos genannt, ist mit über 0,5 Meter Wuchshöhe unser größtes und ein sehr kräftiges Moos. Es wächst ausschließlich an nährstoffarmen, lichten und nassen Stellen auf sauren Böden und ist an Bachufern, in Moorwäldern und an Moorrändern zu finden. Auffällig sind im Sommer die rund zwölf Zentimeter langen Stiele, die Seten, an deren Spitze sich kleine Kapseln befinden. Hier werden die Moossporen gebildet, staubfeine, winzige Sporen, die durch den Wind ausgebreitet werden. Fallen sie auf ein geeignetes Substrat, also feuchten, sauren Boden, keimen die Sporen zu kleinen Fäden heran, aus denen sich die Moospflanze entwickelt. Bevor wieder Sporen gebildet werden, ist eine geschlechtliche Fortpflanzung zwischengeschaltet: Die Moospflanze bildet in kleinen Organen Eizellen und Spermatozoiden. Letztere schwimmen, chemotaktisch angelockt, durch einen Wassertropfen zu den Eizellen. Moose sind aber nicht zwangsläufig an feuchte oder nasse Habitate gebunden, sie benötigen für die Fortpflanzung aber zumindest einen ordentlichen Regenschauer.

Auf eher trockenen, sauren Böden in lichten Wäldern sind das **Rotstängelmoos** *(Pleurozium schreberi)* und das **Gewöhnliche Gabelzahnmoos** *(Dicranum scoparium)* zu finden. Beide sind anspruchslose Arten, die großflächig Rohhumus, Gestein und Totholz überziehen können. In luftfeuchten Lagen wächst das Gewöhnliche Gabelzahnmoos gelegentlich mit anderen Moosen epiphytisch, also auf der Borke von Zweigen und Ästen.

Nicht alle Moose sind in Blättchen und Stämmchen gegliedert. Einige bilden blattartige Lappen, mit denen sie flächig das Substrat überziehen. Es sind Lebermoose wie das **Brunnenlebermoos** *(Marchantia polymorpha)*. Es wächst als weit verbreitete Art auf nährstoffreichen, dauernassen Stellen in Wäldern, auf Äckern und in Ruderalfluren oder macht sich als widerstandsfähiges Unkraut in Blumentöpfen breit. Auf seiner Unterseite bildet es wurzelähnliche Rhizoide, mit denen es Wasser aufnimmt. Auf der Oberseite sind Schirmchen, in denen entweder Eizellen oder Spermatozoiden gebildet werden. Die Sporenkapseln, die nach der Befruchtung der Eizellen heranwachsen, sind unscheinbar und befinden sich auf der Unterseite der weiblichen Schirmchen.

Moose haben nicht nur eine wichtige Funktion als Bodenbedecker und als Wasserspeicher, sondern sind selbst auch Lebensraum für Tiere wie die **Bärtierchen** *(Milnesium tardigradum)*, meist weniger als 0,5 Millimeter kleine Winzlinge. Die Tardigraden, wie sie mit wissenschaftlichem Namen heißen, haben ihren deutschen Namen aufgrund ihrer bärenähnlichen – nun, eher gummibärchenähnlichen – Gestalt.

Bärtierchen sind wahre Überlebenskünstler. Sie sind weltweit verbreitet und kommen sogar in der Antarktis vor. Wie die Moose, in denen sie sich gerne aufhalten, sind sie extrem trockenresistent. Fehlt ihnen Wasser, sinken die Temperaturen, herrscht Sauerstoffmangel oder schwankt plötzlich die Ionenkonzentration im umgebenden Wasser – egal, die Bärtierchen sind in der Lage, kurzerhand ihre Stoffwechselprozesse auf ein Minimum zu reduzieren und die ungünstigen Bedingungen einfach mehrere Monate lang zu ignorieren. Ansonsten ist wenig über sie bekannt. Man weiß nicht mal genau, wie sich Tardigraden fortpflanzen. Es gibt noch viel zu entdecken und zu erforschen im Mikrokosmos der Moose.

Nicht Pflanze, nicht Tier

Wenn im Spätsommer die Tage kürzer und die Nächte kühler werden, ist die Zeit der Pilze gekommen. Doch das, was wir im Wald und auf den Wiesen finden, ist nur der oberirdische Teil des Pilzes. Nur rund fünf Prozent machen die Fruchtkörper aus, in denen die Pilze ihre staubfeinen Sporen bilden. Die übrigen 95 Prozent des Pilzes sind zarte Fäden, das Mycel, mit denen sie ihr Substrat durchziehen.

Pilze können nicht wie Pflanzen mithilfe von Sonnenlicht, Wasser und Kohlendioxid Zucker synthetisieren, sondern sind wie Tiere auf organische Nahrung angewiesen. Die Nahrung erschließen sie sich auf unterschiedliche Weisen, die zuweilen auch kombiniert werden. Einige Pilze parasitieren auf Tieren oder Pflanzen und sind zum Teil wirtschaftlich bedeutende Krankheitserreger wie der Echte und der Falsche Mehltau. Die meisten Pilze leben davon, organisches Material von Pflanzen, Tieren oder anderen Pilzen zu zersetzen. Damit sind sie zusammen mit Bakterien und verschiedenen bodenbewohnenden Tieren für die Stoffkreisläufe in terrestrischen Lebensräumen von herausragender Bedeutung. Zu den Zersetzern, den sogenannten Saprophyten, gehört der **Klebrige Hörnling** *(Calocera viscosa)*, dessen orange, korallenähnliche Fruchtkörper das ganze Jahr über an totem Nadelholz gefunden werden können. Der Pilz ist ungiftig, aber aufgrund seiner knorpeligen Konsistenz nicht wirklich zum Essen geeignet

Anders sieht das mit den Champignon-Arten aus, darunter gibt es einige wertvolle Speisepilze. Champignons ernähren sich von abgestorbenen Pflanzenresten. Wie unschwer aus den deutschen Namen abzuleiten, ist der **Kleine Wald-** oder **Kleine Blut-Champignon** *(Agaricus silvaticus)*, dessen Stiel sich bei Verletzung rötlich verfärbt, ein Waldbewohner, der **Wiesen-Champignon** *(Agaricus campestris)* hingegen ein Pilz frischer Wiesen. Letzterer wird zunehmend selten, da er empfindlich gegen Überdüngung mit Gülle ist.

Sein Fleisch wird bei Verletzung höchstens leicht rosa, er ist an seinen in der Jugend lachsrosa Lamellen und seinem Standort zu erkennen.

Wer Champignons für den Verzehr sammeln möchte, muss sich intensiv mit den verschiedenen, sehr ähnlichen Arten auseinandersetzen, denn nicht alle Champignons sind essbar. Allerdings gehen Verwechslungen meist recht glimpflich aus, denn die giftigen Champignons verursachen lediglich Übelkeit, Erbrechen und andere unschöne Zustände. Gefährlich wird es erst, wenn der Pilzsammler einen Champignon mit einem **Grünen Knollenblätterpilz** *(Amanita phalloides)* verwechselt, dessen Verzehr schon in geringen Mengen beim Menschen tödlich endet. Der Knollenblätterpilz unterscheidet sich von Champignons durch die stets vorhandene knollige Stielbasis und durch die stets weißen Lamellen auf der Hutunterseite.

Der Knollenblätterpilz ist ein Pilz des Waldes und gehört zur Gruppe der Pilze, die eine Symbiose mit Bäumen eingehen. Meist sind es Eichen, deren Wurzelspitzen er mit seinem Mycel umwuchert und deren Oberfläche dadurch vertausendfacht wird. Der Pilz nimmt Wasser und Nährstoffe aus dem Boden auf und gibt sie dem Baum weiter. Im Gegenzug erhält der Pilz vom Baum Zucker für seinen eigenen Stoffwechsel. Mit bis zu einem Drittel des selbst produzierten Zuckers kann ein Baum seinen Mykorrhiza-Pilz versorgen. Bei dieser Ektomykorrhiza genannten Symbiose (von griech. *ekto* = außerhalb) dringt der Pilz nicht in die Wurzelzellen ein.

Nicht tödlich, aber äußerst ungesund ist der **Fliegenpilz** *(Amanita muscaria)*, ein wichtiger Mykorrhiza-Pilz von Birken, Eichen und Nadelbäumen. Seine Giftstoffe wirken auf das zentrale Nervensystem, daher fand der Pilz in zahlreichen alten Kulturen der Nordhemisphäre, wo die Art weit verbreitet ist, Verwendung als Rauschmittel.

Essbar ist der **Perlpilz** *(Amanita rubescens)*, der ebenfalls mit verschiedenen Laub- und Nadelbäumen eine Mykorrhiza eingeht und mit dem hochgiftigen Pantherpilz *(Amanita pantherina)* verwechselt werden kann.

Auch unsere bekanntesten Speisepilze des Waldes sind obligate Mykorrhiza-Pilze, die ohne einen Baumpartner keine Fruchtkörper bilden. Was letztendlich die Fruchtkörperbildung, die jedes Jahr unterschiedlich ist, bei diesen Pilzen auslöst, ist angesichts der komplexen Interaktionen zwischen den Symbiosepartnern immer noch nicht im Detail bekannt – und daher ist es nicht möglich, beliebte Waldpilze wie Pfifferling oder Steinpilz im Labor zur Bildung von Fruchtkörpern zu veranlassen oder gar in großem Maßstab zu kultivieren. Bekannt ist aber, dass Bäume über ihre Mykorrhiza-Pilze miteinander in Verbindung stehen können, wobei sie nicht einmal zur gleichen Art gehören müssen – so

Espen - Rotkappe
Leccinum aurantiacum
Heide - Rotkappe · Leccinum versipelle

können Zuckerstoffe einer starken Eiche über den Pilz in eine benachbarte schwächelnde Kiefer gelangen oder umgekehrt. Die enorm wichtige Rolle von Pilzen als Mikroorganismen in Boden und Totholz wird in Zukunft in einer zeitgemäßen Forstwirtschaft beachtet werden müssen. Mit der Förderung heimischer Gehölze, dem Stehen- und Liegenlassen abgestorbener Bäume sowie dem Verzicht auf den Ausbau von Forststraßen und schweres Gerät wird der Schutz dieser wichtigen Organismengruppe des Waldes gelingen.

Der **Echte Pfifferling** *(Cantharellus cibarius)* ist inzwischen in einigen Regionen Mitteleuropas eine gefährdete und geschützte Art, für deren Sammeln es gesetzliche Einschränkungen gibt. Er ist meist Symbiosepartner von Fichte und Buche, seltener von Eiche, Kiefer und anderen Laub- und Nadelbaumarten und in eher trockenen, nährstoffarmen Wäldern zu finden.

Auch der **Steinpilz** *(Boletus boletus)* und der Maronenröhrling *(Imleria badia)* bevorzugen Fichten als Symbiosepartner, gehen aber auch mit anderen Baumarten und sind vor allem in bodensauren Nadel- und Mischwäldern weit verbreitete Pilzarten.

Sie gehören wie die **Heide-** oder **Birken-Rotkappe** *(Leccinum versipelle),* die meist an Birken in lichten, trockenen Habitaten wächst, zu den Röhrlingen oder Röhrenpilzen. Röhrlinge bilden ihre Sporen nicht wie Champignons oder Fliegenpilze in Lamellen, sondern in Röhren.

Fast alle Röhrlinge sind ungiftig, bis auf den **Satanspilz** *(Rubroboletus satanas)*. Mit seinem weißlichen, später ockerfarbenen Hut, seinem dicken, bauchigen und rot genetzten Stiel sowie seinem Aasgeruch vor allem als älteres Exemplar hat er ein derart unappetitliches Erscheinungsbild, dass er schon allein deshalb kaum im Korb des Pilzsammlers landen wird. Er wächst vorzugsweise in Laubwäldern auf Kalk und ist mit einem Hutdurchmesser bis *über* 30 Zentimeter der größte heimische Röhrling.

Die meisten unserer essbaren Pilze gehören zur Gruppe der Ständerpilze, den Basidiomyceten. Ihre Sporen werden von krug- oder säulenartigen Zellen, den Basidien, abgeschnürt. Vergleichsweise wenige Pilzarten, wie die **Spitz-** oder **Hohe Morchel** *(Morchella elata)*, gehören zu den Schlauchpilzen, deren Sporen in schlauchähnlichen Strukturen gebildet werden. Die Spitz-Morchel ernährt sich als Saprophyt vom Humus in Wäldern, an Waldsäumen, in Auen oder auf frischen Ruderalplätzen. Die Fruchtkörperbildung beginnt im zeitigen Frühjahr; in milden Lagen kann die Spitz-Morchel, ein guter Speisepilz, bereits im Februar gefunden werden.

Heide-Rotkappe
(Leccinum versipelle)

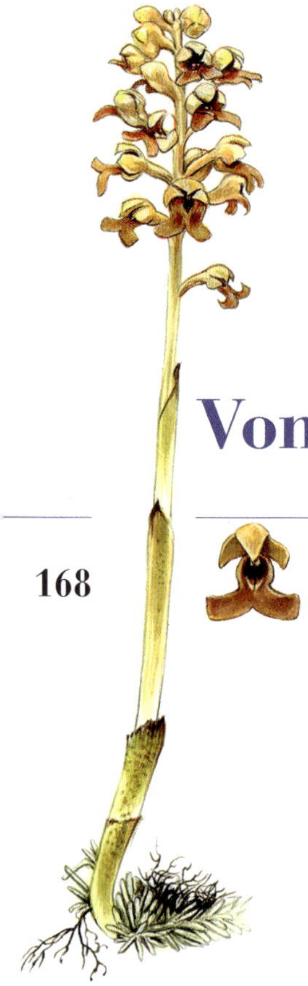

Vom Leben zum Nulltarif

Einige Waldpilze sind nicht nur mit Bäumen, sondern zuweilen auch mit kleinen Blütenpflanzen verflochten. Zu Letzteren gehört eine kleine Orchidee, die in kalkreichen Laubwäldern zu finden ist: die **Nestwurz** *(Neottia nidis-avis)*. Sie sieht braun und vertrocknet aus, doch beim näheren Hinschauen entpuppen sich die gelblich und braun gefärbten kleinen Blüten als frisch. Grüne Blätter suchen wir an der Pflanze vergeblich. Die benötigt sie auch nicht, denn als Vollschmarotzer lässt sie sich von einem Ektomykorrhiza-Pilz ernähren. Er gibt ihr nicht nur seine eigenen Kohlenhydrate weiter, sondern auch diejenigen von Bäumen, mit denen die zarte Orchidee durch den Pilz verbunden ist.

Die farblosen und nach Honig duftenden Nestwurz-Blüten werden vor allem durch Fliegen und wahrscheinlich auch durch Ameisen bestäubt. Wird das Stielchen der Pollenpakete, der Pollinien, berührt, schießt aus einer Drüse ein Tröpfchen Klebstoff, der das Pollinium an den Hinterleib des Insekts klebt. Beim Besuch der nächsten Blüte wird das Pollinium oder Teile davon auf der Blütennarbe abgesetzt. Ist der Insektenbesuch ausgeblieben, bröseln die Pollinien auf die Narbe herunter und ermöglichen so eine Selbstbestäubung.

Eine sehr seltene, zarte Erdorchidee mit einem korallenähnlichen Rhizom ist die **Korallenwurz** *(Corallorhiza trifida)*, die in den Alpen und in einigen mitteleuropäischen Mittelgebirgen vorkommt. Sie hat ein recht weites Lebensraumspektrum und ist in Kalkbuchenwäldern, Fichtenforsten, nassen Wäldern und Waldmooren zu finden. Auch sie hat kaum Chlorophyll und wird zu einem großen Teil von einem Ektomykorrhiza-Pilz ernährt. Wie bei der Nestwurz bestäuben sich die Korallenwurz-Blüten zum Ende der Blütezeit bei Bedarf selbst.

Auf einer kleinen Waldlichtung stehen ähnlich bleiche Blütenstände, die zur **Kleinen Sommerwurz** *(Orobanche minor)* gehören. Sie bedient sich als Vollschmarotzer aber nicht eines Pilzes, sondern zapft mittels spezieller Saugorgane, der Haustorien, die Wurzeln des Wiesen-Klees *(Trifolium pratense)* an. Die junge Sommerwurz wächst zunächst unterirdisch als Knolle. Ihre Blüten werden vorrangig durch Hummeln bestäubt. Der Lebenszyklus der Sommerwurz beginnt von vorne.

Auch Sommerwurzen haben staubfeine Samen, die vom Wind verweht werden. Sie bleiben lange keimungsfähig, eine wichtige Überlebensstrategie. Denn das Samenkorn kann nur keimen, wenn es in unmittelbarer Nähe seiner Wirtspflanze zu liegen kommt und einen chemischen Reiz empfängt, der auf einem spezifischen Phytohormon der Wirtspflanze beruht.

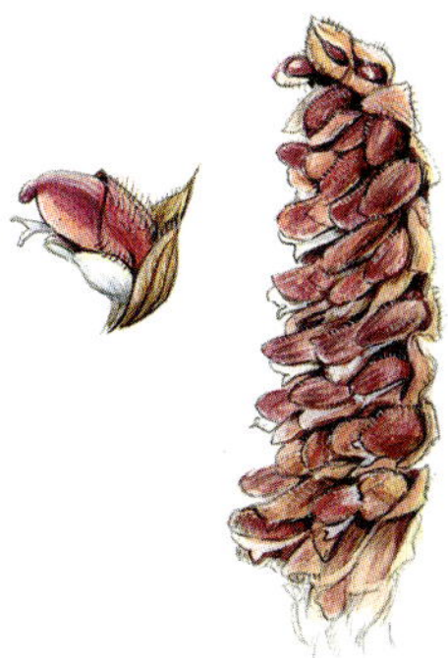

Zur Familie der Sommerwurzgewächse gehört auch ein anderer Vollschmarotzer: die **Schuppenwurz** *(Lathraea squamaria)*. Sie ist an frischen, basenreichen Standorten unter ihren Wirtspflanzen zu finden: Hasel, auch andere Laubbäume und selten Fichte. Ihre kräftigen, hell rosagrauen Blütenstände erscheinen früh im Jahr, in milden Wintern bereits ab März, und werden von Hummeln angeflogen. Ist der Spätwinter zu kalt, bleiben die Blütenstände im Boden und die Knospen geschlossen. Trotzdem reifen Staub- und Fruchtblätter, und die Blüten bestäuben sich unter der Erde selbst. Die winzigen Samen werden durch den Wind, durch Erde an Tierhufen oder durch Ameisen ausgebreitet.

Hoch oben im Baum hängt die **Mistel** *(Viscum album)*, gerne in Pappeln und Obstbäumen, aber auch in anderen Laubbäumen. Nadelbäume besiedelt sie mit zwei anderen Unterarten. Die Mistel mit ihrer besonderen Lebensweise war in alten europäischen Kulturen eine wichtige Kult- und Heilpflanze; und als Heilpflanze spielt sie in der Krebsforschung auch noch heute eine Rolle. Sie enthält sogenannte Viscotoxine, deren Konzentration vom jeweiligen Wirtsbaum der Pflanze abhängt und die bei der Behandlung mancher Tumorerkrankungen wirksam sind.

Hoch auf den Baum ist die Mistel als Samen geflogen und hat dabei Vögel als Transportmittel genutzt. Einige Vögel fressen die weißen Früchte und scheiden die Samen aus, andere versuchen, sich der extrem klebrigen Masse zu entledigen, und wetzen ihren Schnabel so lange an der Baumrinde, bis der wieder sauber ist. Ein Mistel-Samen keimt nur auf junger Borke zu einer Haftscheibe aus, aus der umgehend ein Haustorium in den Baum eindringt. Als Halbschmarotzer brauchen Misteln lediglich die Wasserleitungen des Baumes anzuzapfen und versorgen sich darüber mit Wasser und Nährsalzen. Das reicht, um selbstständig Fotosynthese betreiben zu können. Auf Zucker und andere organische Substanzen, die Vollschmarotzer von ihrem Wirt benötigen, ist die Mistel nicht angewiesen.

Täuschung in Perfektion

In der dichten Krautschicht reicher Laubwälder blitzen im Spätsommer hier und da die orangeroten Fruchtstände des **Aronstabs** *(Arum maculatum)* hervor. Seine Blütenstände im zeitigen Frühjahr sind weitaus weniger auffällig und bestehen, wie für Aronstabgewächse (Araceae) typisch, aus einem Hochblatt und Kolben.

Tief am Kolben, vom Hochblatt umhüllt, sind die unscheinbaren Blüten zu finden. Sie werden durch die Schmetterlingsmücke *Psychoda phalaenoides* bestäubt, eine winzig kleine Mücke mit breiten, dicht behaarten Flügeln. Angelockt vom Harngeruch des Blütenstandes, krabbeln sie am Hochblatt herum und rutschen schließlich an der glatten, mit Öltröpfchen besetzten Oberfläche ab. Schwups, geht es in das Innere des Kessels, wo sie zunächst an weiblichen Blüten den mitgebrachten Pollen abstreifen. Eigentlich sind sie auf der Suche nach einem Eiablageplatz, aber trotz des verlockenden Duftes erweist sich der Aronstab als Irrtum. Doch der Weg in die Freiheit ist dem Tier verwehrt, denn der Ausgang wird durch einen Kranz männlicher Blüten versperrt, durch die es sich an den Öltröpfchen zwar trefflich hindurchrutschen, aber halt nicht wieder hinaufkrabbeln lässt. Bei den Versuchen, es trotzdem zu tun, wird die Schmetterlingsmücke ordentlich mit Pollen eingepudert. Aber erst am nächsten Tag erschlafft das Hochblatt, und das Tier kann entkommen. Ihre Eier konnte die Mücke nicht ablegen, und so macht sie sich auf die Suche nach der nächsten Möglichkeit. Wenn es gut läuft für den Aronstab, fällt sie auf den nächsten falschen Duft herein.

Auch eine der bekanntesten heimischen Orchideen, der **Gelbe Frauenschuh** *(Cypripedium calceolus)*, lässt ihre Bestäuber leer ausgehen. Es sind Sandbienen, die von Färbung und Duft der Blüten angelockt werden und durch die Öffnung der pantoffelartigen gelben Lippe krabbeln. Innen ist es wie beim Aronstab ölig glatt und der Rückweg aufgrund nach

Aronstab
Arum maculatum
Querschnitt der Blüte
Fruchtstand
Johann Brandstetter
2020

hinten gerichteter Haare schwierig. So machen sich die Sandbienen entlang der Haarrichtung auf den Weg nach draußen. Aber erst müssen sie mitgebrachte Pollinien an der Narbe absetzen und neue aufnehmen, bevor sie sich seitlich aus der Blüte herauszwängen können.

Nicht alle Sandbienen fungieren als Bestäuber. Manche, wie die **Graue Sandbiene** *(Andrena cineraria)*, sind kräftig genug, um auf dem gleichen Weg aus der Blüte hinauszukommen, wie sie hineingelangt sind – sie krabbeln einfach wieder heraus, ohne sich an Narbe und Pollinien vorbeizuquetschen.

Der Gelbe Frauenschuh ist ein Spätentwickler. Vier Jahre lang wird er von einem Pilz versorgt, bis er in der Lage ist, das erste grüne Blatt zu bilden. Dann dauert es noch einmal zehn Jahre, bis die ersten Blüten erscheinen. Bei den Pilzen handelt es sich um Endomykorrhiza-Pilze (von griech. *endo-* = innerhalb), die mit ihren Hyphen in die Wurzelzellen der Pflanze eindringen, sie mit Nährsalzen versorgen und im Gegenzug von der Pflanze mit Kohlenhydraten versorgt werden.

Der Gelbe Frauenschuh wächst in lichten Gebüschen sowie Laub- und Mischwäldern auf Kalk, ist aber vielerorts ausgestorben oder sehr selten – nicht zuletzt, weil er zu den Orchideen gehört, die häufig ausgegraben werden. Dass dies bei der geschützten Art strengstens verboten ist, ist selbstredend und auch, dass die Pflanze am völlig ungeeigneten Standort im heimischen Garten nicht überleben wird. Dort fehlen die speziellen Pilze, von denen der Frauenschuh abhängig ist.

Auf eine andere Weise hat das **Rote Waldvöglein** *(Cephalanthera rubra)*, eine Orchidee lichter Wälder auf Kalk, seine Täuschung perfektioniert. Das Waldvöglein beginnt zu blühen, wenn ihre wichtigsten Bestäuber, Scherenbienen der Gattung *Chelostoma*, schlüpfen. Genauer gesagt, wenn die Männchen schlüpfen, denn die Weibchen lassen sich damit noch etwas Zeit. Das hält die Männchen nicht davon ab, sich schon mal auf die Suche nach Weibchen zu machen. Scherenbienen-Weibchen tummeln sich gerne in den Blüten der Pfirsichblättrigen Glockenblume (siehe Seite 65). Diese öffnen sich zwar zwei Wochen später und sehen für uns ganz anders aus, aber für die Scherenbienen-Männchen hat das Waldvöglein die gleiche Farbe und eine ähnliche Form wie die Glockenblume. So fliegen die Männchen also auf die Waldvöglein-Blüten in der Hoffnung, dort Weibchen zu finden, krabbeln in den Blüten herum und bestäuben das Waldvöglein. Wenn später die Pfirsichblättrige Glockenblume aufblüht und die Sandbienen, ob Männchen oder frisch geschlüpfte Weibchen, mit Nektar und Pollen lockt, ist das Waldvöglein bereits verblüht und beginnt dank der Bestäuberleistung der Scherenbienen-Männchen, Früchte anzusetzen.

Zarte Waldschönheiten

Nicht alle Orchideen des Waldes bieten ihren Bestäubern lediglich schönen Schein und leckeren Duft. Die **Zweiblättrige Waldhyazinthe** *(Platanthera bifolia)* produziert in ihren langen Blütensporen süßen Nektar, der Nachtfaltern mit ihren langen Rüsseln vorbehalten ist. Die weißen Blüten der seltenen Art, die in lichten und nährstoffarmen Laub- und Mischwäldern, auf Zwergstrauchheiden und Borstgrasrasen wächst, beginnen am Abend leicht nach Maiglöckchen zu duften – es sind also typische Nachtfalterblumen.

Lokal können sich die Spornlängen der Waldhyazinthen-Blüten um über zwei Zentimeter unterscheiden, denn die Pflanzen sind abhängig von den im jeweiligen Habitat vorkommenden Bestäubern. So haben in Schweden im Wald wachsende Zweiblättrige Waldhyazinthen, die durch den vergleichsweise langrüsseligen Ligusterschwärmer bestäubt werden, bis vier Zentimeter lange Blütensporne, im Offenland hingegen bleiben sie mit knapp zwei Zentimetern deutlich kürzer – sonst würde der Kleine Weinschwärmer *(Deilephila porcellus)*, der sich auf den Wiesen tummelt, beim Blütenbesuch leer ausgehen.

Eine andere Orchideengattung, die Ständelwurzen oder Sitter, bietet ihren Bestäubern, Bienen, Wespen und anderen Hautflüglern, Nektar an, der im Zentrum der Blüte in kleinen Drüsen, den Nektarien, gebildet wird.

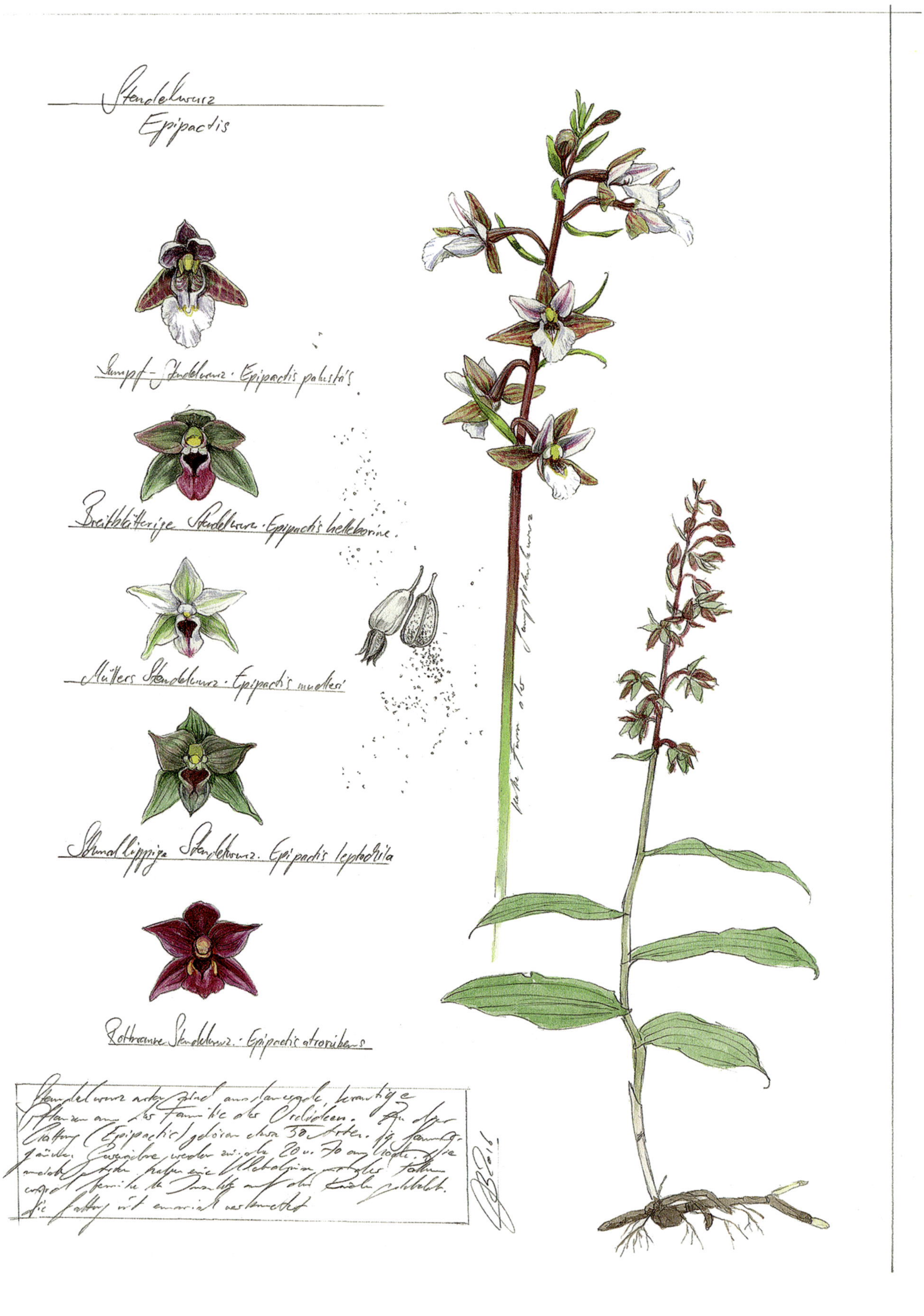
Stendelwurz
Epipactis
Sumpf-Stendelwurz · Epipactis palustris
Breitblättrige Stendelwurz · Epipactis helleborine
Müllers Stendelwurz · Epipactis muelleri
Schmallippige Stendelwurz. Epipactis leptochila
Rotbraune Stendelwurz · Epipactis atrorubens

Unsere häufigste Ständelwurz ist die **Breitblättrige Ständelwurz** *(Epipactis helleborine)*, eine sehr formenreiche und variable Art, die sehr anpassungsfähig ist und in lichten Wälder und Forsten, in Parkanlagen und Gärten in basenreichen, lockeren Böden wächst. Ihre Blüten sind reich an Nektar. Ihre Bestäuber, Wespen, lockt sie mit dem Duft ihrer Beutetiere an: Wespen-Weibchen benötigen tierisches Eiweiß für die Versorgung der Brut und hoffen in der Blüte auf Beute. So ein bisschen Täuschblume steckt also auch in dieser Ständelwurz. Auch Wespen-Männchen fliegen die Blüten an, obwohl sie nicht an der Versorgung der Brut beteiligt sind. Vielleicht rechnen sie damit, eine Jungkönigin an der Blüte anzutreffen?

Die Breitblättrige Ständelwurz geht nicht nur wie alle Orchideen eine Partnerschaft mit einem Endomykorrhiza-Pilz ein. An ihren Wurzeln wurden wie bei der verwandten Nestwurz auch Ektomykorrhiza-Pilze und darüber Verbindungen zu benachbarten Bäumen gefunden. Wahrscheinlich können die Orchideen dank dieser Unterstützung an den häufig dunklen und schattigen Standorten besser überleben. Von der Ausbildung einer Ektomykorrhiza ist es nur noch ein kleiner Schritt zu einer parasitischen Lebensweise. Und wirklich, hier und da sind Ständelwurzen ohne Chlorophyll zu finden, die von ihrem Pilz und vielleicht auch vom benachbarten Baum ernährt werden.

Eine weitaus seltenere Ständelwurz ist **Müllers Ständelwurz** *(Epipactis muelleri)*, die vor allem in kalkreichen Mittelgebirgsregionen auf verbuschten Halbtrockenrasen, an Waldsäumen und in lichten Gebüschen wächst. Sie ist an ihren sichelförmig nach unten gebogenen und am Rand stark gewellten Blättern gut zu erkennen.

Noch trockener mag es die **Braunrote Ständelwurz** *(Epipactis atrorubens)*, eine stattliche Pflanze von bis zu 60 Zentimetern, die nicht nur in trockenen lichten Wäldern, an Waldrändern oder auf Halbtrockenrasen, sondern sogar auf Schotterfluren, auf Sandtrockenrasen und an Meeresküsten ihre zart nach Vanille duftenden dunkelvioletten Blüten öffnet. Im Volksmund wird sie auch Strandvanille genannt. Angelockt werden vor allem Käfer und Hummeln.

Die **Schmallippige Ständelwurz** *(Epipactis leptochila)* hingegen fühlt sich in schattigen Wäldern mit altem Baumbestand wohl und wächst bevorzugt an kühlen Nordhängen. An solchen Standorten sind Bestäuber Mangelware, so bestäuben sich die Blüten häufig selbst, die sich zuweilen gar nicht mehr öffnen.

In der Streusandbüchse des Heiligen Römischen Reiches

Schier endlos ziehen sich die Kiefernwälder hin, entlang der Bahnstrecken und Autobahnen nach Berlin. Hier, auf den nährstoffarmen märkischen Sanden, die die Gletscher der Kaltzeiten hinterlassen haben, spielt die **Wald-Kiefer** *(Pinus sylvestris)* eine wichtige Rolle. Lange Zeit wurde der hier ursprünglich wachsende Eichen-Kiefernwald intensiv genutzt: Wie überall in Mitteleuropa ließ man das Vieh im Wald weiden, verwendete Äste, Laub und Nadeln als Einstreu für Ställe, entnahm mehr oder weniger kleinflächig Bäume und entzog damit dem Wald zusehends Nährstoffe. Unter solchen Bedingungen – viel Licht und sandiger Rohboden – hat es die Kiefer als lichtbedürftiger Pionierbaum, der auf nährstoffarmen Substraten keimt und in der Jugend ein rasches Wachstum zeigt, leicht, sich zu etablieren. Die Symbiose mit Ektomykorrhiza-Pilzen wie Fliegenpilz *(Amanita muscaria)* oder Butterröhrling *(Suillus luteus)* ermöglicht der Kiefer eine verbesserte Nährstoffversorgung, und mit seiner bis zu sechs Meter langen Pfahlwurzel kann sich der trockenresistente Nadelbaum feuchtere Bodenschichten erschließen. Aus diesem Grund wurde die Wald-Kiefer lange Zeit auf nährstoffarmen Böden als Forstbaum gefördert und nicht nur im Osten Mitteleuropas großflächig angepflanzt, sondern auch in Regionen, in denen die Wald-Kiefer im Aufbau der natürlichen Wälder keine Rolle spielt.

Natürliche Kiefernvorkommen finden wir in Mitteleuropa auf stets mageren Standorten, die für andere Baumarten zu nass oder zu trocken sind: in bodensauren Mooren, in den erwähnten pleistozänen Sandgebieten und den Küstendünen im Nordosten und schließlich auf kargen, felsigen Hängen in südexponierten, trockenen Lagen der Alpen und Mittelgebirge. Das heißt aber nicht, dass die Wald-Kiefer sich dort überall besonders wohlfühlt. Nein, am besten wächst sie wie viele andere heimische Bäume auf gut durchlüfteten, frischen und nährstoffreichen Böden und kann dort zu stattlichen Bäumen von bis zu fast 50 Metern heranwachsen. Nur kann sie sich dort nicht auf Dauer gegen konkurrenzstärkere Arten wie Buche oder Eiche durchsetzen.

Ziegenmelker · Caprimulgus europaeus

Dieser unbekannte Vogel mit seiner nächtlichen Lebensweise ist tagsüber mit seiner kompletten Tarnzeichnung hervorragend getarnt. Meist sitzt er geduckt auf einem Ast. Mit seinem weit zu öffnenden Maul erinnert er etwas an Schwalben und Segler. Verwandt ist er jedoch nicht mit ihnen.

Kopfstudie im Wachzustand

Der Ziegenmelker bevorzugt trockenes, warmes Tiefland, oft in der Nähe von Kiefernwäldern und Heideflächen. Bei der Balz gibt das Ziegenmelker-Männchen unaufhörlich seine typischen Schnurr-Laute von sich. Die Brutzeit ist von Mai–August. Dabei werden meist 2 gefleckte Eier ohne irgendein Nest auf einer freien Bodenfläche ausgebrütet. Die Jungvögel bleiben am Boden liegen und werden von beiden Altvögeln mit Insekten gefüttert. Sie ernähren sich vor nachtaktiven Insekten wie Nachtfalter u.ä.

2015

Die Föhre, wie die Wald-Kiefer auch genannt wird, hatte sich einst nach den Kaltzeiten als kälte- und trockenresistente Baumart rasch in ganz Mitteleuropa verbreitet. Ihre Samen halfen ihr dabei: Es sind kleine Samen, die dank ihrer kleinen häutigen Anhängsel von Wind und Sturm über weite Strecken verfrachtet werden können.

Wie sich unsere Kiefernwälder und -forste angesichts Klimawandel und Überdüngung entwickeln werden, bleibt abzuwarten. Warme Temperaturen machen die boreale Art anfälliger für Schädlinge und Krankheiten, was unter anderem im Wallis in der Schweiz zu beobachten ist. Die Stickstoffeinträge verändern unsere Moorkiefernwälder und Kiefernforste, die durch Entwässerung umliegender Flächen zusätzlich in Mitleidenschaft gezogen werden. Trotzdem wird die Wald-Kiefer als robuste Pionierart, die auf trockenen wie nassen Böden wächst, mit Niederschlägen zwischen 400 und 2000 Millimetern und Jahresmitteltemperaturen zwischen −4 und 13 Grad Celsius zurechtkommt, auch in Zukunft eine Rolle spielen. Krumm gewachsene Wald-Kiefern, die sich mit ihren Wurzeln förmlich an Felsen krallen oder die jahrzehntelang den widrigen Bedingungen auf einer Düne trotzen und denen man ihr Alter von weit über 100 Jahren nicht ansieht, zeugen von ihrer enormen Widerstandskraft.

Dort, wo lichte Kiefern- oder Mischwälder in warme Heidelandschaften übergehen und wo über Offenland oder ungespritzten Weinbergen reichlich Insekten fliegen, ist der Lebensraum des **Ziegenmelkers** *(Caprimulgus europaeus)*. Es ist ein recht unbekannter Vogel, der im Verborgenen lebt. Im Mai fliegt er aus den afrikanischen Überwinterungsgebieten zu uns. Die Männchen rufen während der Balz mit einem lang gezogenen Schnarren, das zuweilen fünf Minuten und länger zu hören ist. Ihr Nest, das von den Weibchen bebrütet wird, bauen sie auf dem offenen Boden. Man wird es dort kaum entdecken, zwischen Kiefernstreu, verdorrtem Laub und kleinen Ästen. Der Waldleopard, wie der Vogel im Polnischen genannt wird, ist mit seiner brau-grauen Musterung einfach perfekt getarnt. Er vertraut darauf und fliegt bei Gefahr erst im allerletzten Moment mit raschen falkenähnlichen Flügelschlägen davon.

Wenn die Brut geschlüpft ist, füttert das Männchen nicht nur weiterhin das Weibchen, sondern übernimmt auch die Versorgung der Küken. Dazu ist es vor allem in der Morgen- und Abenddämmerung unterwegs auf der Jagd. Das Weibchen bebrütet derweil ein weiteres Gelege in der Nähe.

Auch der Ziegenmelker gehört leider zu den Vögeln, die bei uns immer seltener werden. Seine Lebensräume werden zunehmend zerstört, die Menge nachtaktiver Fluginsekten geht rasant zurück, und häufig werden Tiere, die sich nachts auf warmem Asphalt ausruhen, überfahren.

Hoch hinaus –

von den Wäldern über
Wiesen und Matten
bis auf die Alpengipfel

Campanula barbata

Rückzugsgebiet, Holzquelle und Lawinenschutz: der Bergwald

Die **Alpen-Waldrebe** *(Clematis alpina)*, der wir zu Beginn einer Bergtour beim Aufstieg durch den Wald begegnen, ist zweifelsohne die schönste heimische Liane. Der Schlingstrauch wächst vor allem an schattig-kühlen Nordhängen unserer Kalkalpen. Seine vier großen Perigonblätter weisen Bestäubern wie Wildbienen, Schwebfliegen, Fliegen und Käfern den Weg zu den zehn bis zwölf weißfilzigen Honigblättern im Blütenschlund. Der Fruchtstand besteht aus einzelnen langen Früchten. Wie bei der Küchenschelle hat sich im Lauf der Fruchtreife der Griffel verlängert. Die behaarten Früchte bleiben im Fell von Tieren hängen oder fliegen kurze Strecken durch die Luft. Die ein bis zwei Meter hoch rankende Alpen-Waldrebe ist auf der nördlichen Hemisphäre mit verschiedenen Unterarten weit verbreitet und steigt hinauf bis in die Krummholzzone, wo sie zwischen Latschen-Kiefern emporrankt und eine wichtige Nahrungsquelle für Bienen, Wespen und Schmetterlinge ist.

Unsere Bergwälder, die einst rund zwei Drittel der Fläche des Alpenraums bedeckten und die sogenannte montane Stufe der Alpen kennzeichnen, sind nicht nur Heimat einer Vielzahl von Tier- und Pflanzenarten, sondern haben auch für uns Menschen eine herausragende Bedeutung. Natürlich gewachsene Bergwälder liefern nicht nur Holz und Nahrung, sondern bieten auch den besten und preiswertesten Schutz vor Lawinen, Steinschlag, Erdrutschen, Erosion und Hochwasser. Mit ihren verschiedenen Baumarten, die mit ihren Wurzeln unterschiedlich tief Boden und Geröll festigen, erfüllen sie diese Aufgabe perfekt und besser als jede teure und aufwendige technische Konstruktion. Natürliche Bergwälder sind resistenter gegen Wind- und Schneebruch als künstliche Forste, und ihre heterogene Arten- und Altersstruktur bewirkt, dass Jungbäume durch Wind- und Schneebruch entstandene Lücken schnell füllen können. Artenreiche Wälder sind zudem besser vor den Auswirkungen von Schädlingskalamitäten, die meist nur eine

Alpenwaldrebe
Fensterschwärmchen Thyris fenestrella
Fruchtstand

Baumart betreffen, geschützt. Doch jahrhundertelange Bewirtschaftung und großflächige Abholzungen unserer Bergwälder haben drastische Folgen. Daher wurden in der Schweiz nachweislich bereits in der ersten Hälfte des 14. Jahrhunderts Wälder mit einem «Bann» belegt, um Muren, Lawinenabgänge und Hochwasser zu verhindern und auch um immer ausreichend Holz für Schutzbauten zur Verfügung zu haben. Heutzutage gilt ein großer Teil unserer Wälder im Alpenraum als Schutzwald, der menschliche Siedlungen und Infrastrukturen vor den erwähnten Naturgefahren bewahrt. In der Schweiz und in Bayern sind es jeweils rund die Hälfte des Waldbestandes, in Österreich ist es etwa ein Drittel.

Die öffentliche Aufmerksamkeit, die unsere Schutzwälder gerade angesichts ihrer steigenden Bedeutung in Zeiten des Klimawandels erfahren, darf aber nicht davon ablenken, dass weltweit Bergwälder in großem Stil vernichtet werden – auch hier in Europa, wo insbesondere in Rumänien die letzten Urwälder des Kontinents unserem Billigmöbel- und Brennholzhunger zum Opfer fallen.

Die dominierende Art unserer Bergwälder ist die **Fichte** *(Picea abies)*. Sie ist ein weit verbreiteter Baum der Mittelgebirge und Alpen und wird als Forstbaum viel im Tiefland angebaut. Die Fichte ist eine Anpassungskünstlerin an ihren Lebensraum. Zum Beispiel wächst sie im Bergwald schlanker und mit weniger weit ausladenden Ästen als in tieferen Regionen. So bleibt im Bergwald der viele Schnee nicht auf den Ästen liegen, sondern rutscht schnell ab. Fichten aus niedrigeren, schneeärmeren Lagen in höhere, schneereichere Lagen zu pflanzen, ist keine gute Idee: Immer wieder mussten Förster die Erfahrung machen, dass die weit ausgebreiteten Äste von Fichten, die aus Samen von Fichten niedrigerer Lagen stammen, im Bergwald unter der Schneelast abbrachen. Fichte ist also nicht gleich Fichte! Heutzutage achtet man bei Aufforstungen darauf, Jungbäume aus regionaler Herkunft zu verwenden – solche Setzlinge stammen von Pflanzen, die sich im Lauf der Jahrhunderte perfekt an die lokalen Standortbedingungen angepasst haben.

Zur Fichte gesellt sich vielerorts die **Weiß-Tanne** *(Abies alba)*. Mit bis zu 75 Metern sind Tannen die höchsten Bäume Europas, die mit einem Stammdurchmesser bis zu knapp vier Metern ein stolzes Alter von 600 Jahren erreichen können.

Einst galt die Weiß-Tanne aufgrund ihrer Empfindlichkeit gegenüber Schädlingen und Luftverschmutzung mit Schwefeldioxid als Sorgenkind der Förster und musste in bewirtschafteten Bergwäldern der Fichte weichen. Inzwischen ist die Tanne in Zeiten des Klimawandels aber eine der Hoffnungsträgerinnen für eine naturnahe Waldentwicklung: Die in den europäischen Gebirgen weit verbreitete Art ist mit ihren tief reichenden Pfahlwurzeln trockenresistenter und deutlich sturmfester als die flach wurzelnde Fichte und

Fichte
(Picea albies)

Weiß-Tanne
(Abies alba)

verträgt zudem auch kalte, schwere und staunasse Böden. Auch braucht man bei der heimischen Weiß-Tanne keine Sorge zu haben, dass sie das ökologische Gleichgewicht der Wälder stört, eine Gefahr, die bei fremdländischen Arten, die leider immer noch in unsere Forsten gepflanzt werden, durchaus besteht.

Von der Fichte ist die Weiß-Tanne anhand ihrer hellen Borke und ihrer Nadeln, deren weiße Wachsstreifen auf der Unterseite die Spaltöffnungen schützen, leicht zu unterscheiden. Außerdem bildet ausgerechnet die Tanne keine herunterfallenden «Tannenzapfen»: Von den Zapfen der Tanne bleibt bei der Samenreife lediglich eine aufrechte Spindel am Ast stehen, bei der Fichte hingegen hängen die Zapfen und fallen als Ganzes ab.

Nadelholz-Mischwälder mit Fichten und Tannen stellen sich in den Bergen unter den feucht-kalten Bedingungen nordexponierter Hänge ein. Südwärts gerichtete Hänge hingegen tragen einen ganz anderen Wald, hier dominieren vor allem auf wasserdurchlässigem Kalkgestein die trockenresistenteren Kiefern. Je weiter man in den Süden kommt, desto markanter werden die Unterschiede, bis südlich des Alpenhauptkammes die Gegensätze kaum stärker sein könnten: Während die Nordhänge noch mit Nadelwäldern aus Fichte und Tanne besetzt sind, gesellen sich auf den gegenüberliegenden Sonnenseiten der Täler zu den Kiefern bereits mediterrane Baumarten wie Flaum-Eiche und Hopfenbuche.

Hier ist das **Alpenveilchen** *(Cyclamen purpurascens)* beheimatet. Es ist in den nördlichen Kalkalpen lediglich hier und da, in den südlichen und südöstlichen Kalkalpen hingegen häufiger anzutreffen. Das Primelgewächs mit seinen intensiv duftenden Blüten, die sich im Hochsommer öffnen, ist eine typische Streukegelblume: Beim Insektenbesuch neigt sich die Blüte senkrecht nach unten und die Bestäuber – meist Hummeln, in tieferen Lagen auch Bienen – streifen mitgebrachten Pollen auf die herabhängende Narbe ab. Dann zwängen sich die Insekten in den Blütenschlund, drücken die Staubbeutel auseinander und werden auf ihrem Weg zum Nektar aufs Neue mit Pollen eingepudert.

Das Alpenveilchen ist auf Fremdbestäubung angewiesen. Die Samen reifen in runden Kapseln, deren Stiele sich einrollen und zunehmend zum Erdboden neigen – die Fruchtstiele wachsen also genau in die entgegengesetzte Richtung als der junge Blütenstiel. Während die Blüte den Bestäubern optimal einige Zentimeter über dem Erdboden präsentiert wird, entlässt die reife Fruchtkapsel die Samen dort, wo bereits der Samen der Mutterpflanze erfolgreich gekeimt ist: in der von einer dünnen Laubschicht bedeckten, feuchten und humusreichen Erde.

Wildes Alpenveilchen
(Cyclamen purpurascens)
b) Samenanlage Querschnitt
c) Knolle
a) Frucht

Nach der Fruchtreife ziehen die Blätter ein. Die Pflanze überwintert unterirdisch als Knolle. Sämtliche Arten der stark giftigen Gattung sind besonders geschützt und fallen unter das Washingtoner Artenschutzabkommen. Es ist strikt verboten, die Knollen, die bei einigen südosteuropäischen Arten mehrere Dezimeter groß werden können, auszugraben!

Zurück zum Bergwald. Wo Lawinen oder Murgänge das Aufkommen des Waldes stetig unterbinden, finden sich Licht liebende Arten ein, die ihr Hauptvorkommen oberhalb der Waldgrenze haben. Hier wächst zum Beispiel der **Gelbe Enzian** *(Gentiana lutea)*, dessen leuchtend gelbe Blüten von Bienen und Hummeln angeflogen werden. Der Nektar ist leicht zugänglich, daher suchen auch Fliegen und andere Insekten die offene, sternförmige Nahrungsquelle gerne auf.

Der Gelbe Enzian wird vom Weidevieh aufgrund seiner bitteren Glykoside gemieden. Doch genau diese Bitterstoffe sind der Grund dafür, dass der Gelbe Enzian vielerorts stark zurückgegangen und regional auch ausgestorben ist, denn seit dem Altertum werden seine bis zu armdicken Wurzeln zur Zubereitung von verdauungsfördernden Arzneien genutzt. Auch in den Enzianschnapsflaschen findet sich der Gelbe Enzian. Die Bilder des blau blühenden Stängellosen Enzians, die auf den Etiketten abgedruckt sind, dienen lediglich der verkaufsfördernden und alpenfolkloristischen Zierde.

Der Gelbe Enzian lässt sich problemlos kultivieren. Der Bitterstoffgehalt der Gartenexemplare liegt häufig unter demjenigen der Wildvorkommen. Aber angesichts der Tatsache, dass die bitteren Glykoside vom Menschen noch in einer Verdünnung von 1:58 000 wahrgenommen werden, dürfte dieser Qualitätsunterschied für den Schnaps nur eine geringe Rolle spielen. Die Wildvorkommen der wertvollen Heilpflanze bedürfen eines kompromisslosen Schutzes. Die Art beginnt erst im Alter von zehn Jahren zu blühen und ist auf Fremdbestäubung angewiesen. Werden ihre Bestände zu klein, produzieren die Pflanzen weniger Samen – ein Teufelskreis, denn je weniger Samen produziert werden, desto geringer ist die Wahrscheinlichkeit, dass einer der Samen, die nur ein Milligramm wiegen und durch den Wind ausgebreitet werden, zu einer stattlichen Staude heranwächst.

Gelber Enzian – Gentiana lutea
Blüte im Querschnitt
Enzian-Wurzel
reife Samenkapsel

Buntes Leben unter der Höhensonne: subalpine und alpine Wiesen und Matten

In der Höhe lichtet sich der Wald zunehmend. Wo die Winter zu lang und zu kalt sind, können keine Bäume mehr existieren. Nur noch vereinzelt finden sich an der Obergrenze der montanen Stufe krumme, zerzauste Lärchen oder einige Zirbel-Kiefer-Grüppchen. Auf rund 2000 Meter ist auch für die Zirbe Schluss. In den höheren Alpenlagen dominieren Stauden, die jedes Jahr neu aus ihrem Wurzelstock treiben. Gehölze wie die Latschen-Kiefer bleiben niedrig und sind auf den Schutz der Schneedecke angewiesen, die am Boden für konstante Temperaturen knapp unter null Grad Celsius sorgt.

Hier beginnt die subalpine Stufe, die von natürlichen Bergwiesen und Geröllfluren geprägt wird, und hier ist das Reich der **Murmeltiere** *(Marmota marmota)*, deren schrille Pfiffe jeder Wanderer kennt. Es lohnt sich, dann nicht nur nach dem possierlichen Nager Ausschau zu halten, sondern auch in den Himmel zu blicken. Häufig sind nicht der Wanderer oder sein Hund für den Alarmpfiff des wachenden Tieres verantwortlich, sondern Steinadler *(Aquila chrysaetos)*, die hoch oben über den Bergkämmen und Gipfeln ihre Kreise ziehen. Sie sind die natürlichen Feinde des Murmeltieres, das gesellig in komplexen und bis zu zwanzigköpfigen Sozialverbänden lebt. Stets übernehmen ein oder zwei Tiere den Wachschutz. Die Wächter sitzen auf einem Stein, von dem aus sie einen guten Überblick haben, und warnen die Gruppe bei drohender Gefahr mit den bekannten, weit hörbaren Pfiffen.

Die in den Alpen, den Karpaten und der Hohen Tatra weit verbreiteten Murmeltiere bauen auf den Bergwiesen ein dichtes unterirdisches System von Röhren und Kammern. Dorthin ziehen sich die Tiere nachts zum Schlafen und tags zur Siesta zurück – sie mögen es nicht allzu warm –, und dort verbringen sie auch die langen Wintermonate. Für den Winterschlaf haben sie sich den Sommer über ordentlich Fettreserven angefressen, eine Kammer mit Gras ausgepolstert und den Zugang dicht mit Erde verschlossen. Dann rollen sie sich im gesamten Großfamilienverband dicht aneinander und reduzieren ihre Stoffwechselaktivität auf drei bis fünf Prozent des sommerlichen Niveaus. Dadurch sinkt ihre Körpertemperatur allmählich auf einstellige Werte – der bei einem Murmeltier im Winterschlaf gemessene Minimalwert betrug nur 2,6 Grad Celsius! In Abständen von rund zwei Wochen erwachen die Murmeltiere und kurbeln ihren Stoffwechsel an. Die Körpertemperatur steigt kurz auf fast sommerliche Werte, um innerhalb eines knappen Tages wieder auf das Winterschlafniveau zu fallen. Über die Gründe dieses kräftezehrenden Aufwachens ist viel gerätselt worden. Inzwischen geht man davon aus, dass durch das regelmäßige Aufwachen überlebenswichtige Hirnaktivitäten aktiviert werden und das Hochfahren des Stoffwechsels die Tiere vor dem Erfrieren schützt. Übrigens leisten die Väter und älteren Brüder einen wesentlichen Beitrag zum Schutz der Jungtiere: Sie sind es, die sich schützend um die Jungtiere legen und sie mit ihren Aufwachphasen wärmen. Die Weibchen, deren Körper durch Trächtigkeit und Säugen den Sommer über Enormes geleistet haben, haben für diese kräftezehrende Versorgung der Jungtiere mit Wärme weniger Reserven.

Die Tiere, die während des Winterschlafs ein Drittel ihres Körpergewichts verloren haben, erwachen im April. Meist liegt dann noch Schnee, und nur an sonnenexponierten, aperen Stellen wächst das erste frische Grün. Die Tiere müssen also noch eine Weile von ihren Fettreserven zehren, was vor allem für trächtige Weibchen – die Paarung findet unmittelbar nach dem Winterschlaf statt – eine große Herausforderung ist. Das Weibchen bringt nach rund fünf Wochen bis zu vier winzige, etwa 30 Gramm leichte Jungtiere zur Welt, die die ersten Lebenswochen in der Höhle verbringen. Sie verlassen mit ungefähr sieben Wochen den Bau. Nach drei bis vier Jahren suchen sie sich ein eigenes Revier. Wie das heimatliche Revier wird es meist oberhalb der Baumgrenze auf einer Bergwiese oder -weide mit tiefgründigem Boden liegen – dort, wo das Tier mit den scharfen Krallen seine Gänge und Kammern anlegen kann, die bis zu sieben Meter tief unter der Erdoberfläche liegen.

Die Heimat der Murmeltiere, die Bergwiesen oberhalb der Waldgrenze, gehören zu den wenigen weitgehend natürlichen Habitaten Mitteleuropas. Auf vergleichsweise kleinem Raum gibt es hier ein Mosaik verschiedener Mikrohabitate, die sich bezüglich Wasserversorgung, Exposition, Steilheit des Geländes und Dauer der Schneebedeckung unterscheiden. Darüber hinaus spielt für zahlreiche Pflanzenarten der mineralische Untergrund eine zentrale Rolle. Für die Pflanzen bedeuten Böden auf Kalk einen Überschuss an Kalziumionen, Mikronährstoffe wie Eisen oder Mangan hingegen sind Mangelware. Auf Böden mit saurer Bodenreaktion hingegen stehen den Pflanzen Mineralstoffe in ausreichender oder reichlicher Menge zur Verfügung. Die Böden sind weniger wasserdurchlässig, daher nasser und schwerer. Angesichts dieser grob skizzierten Unterschiede ist es nicht verwunderlich, dass die Pflanzengesellschaften, denen wir in den Nördlichen und Südlichen Kalkalpen beziehungsweise im aus Granit, Gneis und Schiefer aufgebauten Alpenhauptkamm begegnen, sich grundlegend unterscheiden.

Edel und silbern: Bergwiesen auf Kalk

Wohl kaum eine Pflanze symbolisiert die Alpen mehr als das **Edelweiß** *(Leotopodium alpinum)*, kaum eine Alpenblume ist bekannter – sie ziert die Logos der Alpenvereine, die Knöpfe der Trachten und diverse Textilien. Doch wer sich das echte Edelweiß anschauen möchte, muss hoch hinauf, und zwar in die Kalkalpen. Und zwar zu Fuß. Das Edelweiß, dessen Vorfahren aus den Steppengebieten Asiens nach Europa eingewandert sind, wächst auf über 2300 Meter Höhe, und nur wenige Straßen führen durch seinen Lebensraum. Es fühlt sich dort wohl, wo alpine Rasen mit Kalk- oder Dolomitschotter durchsetzt sind, und steigt in den Felsen hinauf auf Simse und Kanten. In den Nördlichen Kalkalpen ist das Edelweiß, das in vielen Alpenländern unter gesetzlichem Schutz steht, selten geworden. Zu beliebt war die Pflanze als Geschenk für die Angebetete oder als Bestandteil üppiger Trockensträuße. In den Südlichen und Westlichen Kalkalpen hingegen ist sie stellenweise häufig und auf mancher Bergwiese der Dolomiten zuweilen die dominierende Art. Allerdings bleibt sie hier häufig klein und unscheinbar, sodass sie von vielen Wanderern einfach übersehen wird.

Schaut man sich ein Edelweiß genauer an – und dazu braucht es eine Lupe –, entdeckt man die winzigen Blüten, die sich in mehreren kleinen, kreisrunden Blütenständen in der Mitte gruppieren. Sie sind unschwer als Röhrenblüten zu erkennen, das Edelweiß ist ein Korbblütler. Umgeben sind die Blütenstände von strahlenförmigen, weißpelzigen Hochblättern, die die optische Funktion von Blütenblättern übernommen haben: Zusammen mit dem Blütenduft locken sie Bestäuber an. Es sind vor allem verschiedene Fliegenarten, deren Bedeutung für die Bestäubung zahlreicher Pflanzen in der subalpinen Stufe nicht zu unterschätzen ist.

Alpen-Edelweiß
Art: Leontopodium nivale
Voll ausgebildete Blüte
Blüte im Anfangsstadium
2011

Mit seinen weißpelzigen Blättern ist das Edelweiß ein Paradebeispiel für die Anpassung an die extremen Standortbedingungen des Gebirges: Der weiße Pelz aus abgestorbenen Haaren schützt vor Austrocknung, kurzfristiger Kälte und der im Gebirge besonders intensiven UV-Strahlung. Kultiviert man eine Pflanze im Tiefland, so fällt der weiße Haarfilz mangels UV-Strahlung deutlich schwächer aus und die Blätter bleiben grün.

Der Bergsommer ist kurz. In schattigen Mulden kann bis in den Juni hinein Schnee liegen, und in hohen Lagen kehrt bereits im September der Winter zurück. Pflanzen haben also nur rund drei Monate Zeit, um zu blühen, zu fruchten und ihre Samen auszustreuen. Tiere müssen in diesen wenigen Wochen für ihren Nachwuchs sorgen. Kein Wunder also, dass im Hochsommer die Blütenfülle der Bergwiesen ihren Höhepunkt hat und ein Gesumme und Gesause die Luft erfüllt. Zumindest in weit abgelegenen Tälern, wohin der lange Arm der intensiven Viehwirtschaft noch nicht reicht und wo weder Gülle noch Mineraldünger die artenreichen Biotope zerstört hat.

Hier leuchten die großen, dunkelvioletten Blüten des **Langsporn-Veilchens** *(Viola calcarata)*. Sein langer Blütensporn, auf den der deutsche Name Bezug nimmt, gibt einen Hinweis auf seine Bestäuber: Nur langrüsselige Insekten können den Nektar, der sich in einem für Veilchen sehr langen Sporn befindet, erreichen. So tummeln sich viele Schmetterlinge auf den Blüten. Vielleicht ist sogar ein **Taubenschwänzchen** *(Macroglossum stellatarum)* zu beobachten, wie es mit seinem torpedoförmigen Körper in schnellem Schwirrflug zwischen den Blüten hin- und hersaust. Es gehört zur Gruppe der Schwärmer und fliegt jedes Jahr von Süden her nach Mitteleuropa ein. In warmen Sommern sieht man es vor allem im Tiefland nicht selten, während es wie ein kleiner Kolibri vor den Blüten in der Luft stehen bleibt, kurz deren Nektar saugt und rasch zur nächsten Blüte weiterfliegt.

Das Langsporn-Veilchen benötigt eine gute Wasserversorgung. Dort, wo die Böden geröllig und nur von einer dünnen Humusdecke überzogen sind, tragen die Pflanzen mit langen Ausläufern zur Stabilisierung des Untergrundes bei. Es wächst, darauf weist der wissenschaftliche Artname *calcarata* hin, auf Kalk und hat seinen Verbreitungsschwerpunkt in der Schweiz und im westlichen Tirol. In Südtirol erreicht es den Ortler, und in Bayern findet sich in den Berchtesgadener Alpen ein kleines Reliktvorkommen. Im Osten Österreichs kommt eine ausschließlich gelb blühende Unterart vor, *Viola calcarata* subsp. *zoysii*, deren Verbreitungsgebiet bis in den westlichen Balkan reicht.

An trocken-warmen Spätsommertagen, wenn das lebhafte Grün des Sommers bereits gewichen ist und die Farbe der Bergwiesen allmählich in ein frühherbstliches Braun übergeht, ist das auffällige, helle Glänzen der großen und prächtigen **Silberdisteln** *(Carlina acaulis)* nicht zu übersehen. Es sind Korbblütler, deren Blütenstände von silbrig

glänzenden Hüllblättern umrahmt werden. Diese Hüllblätter, die zur Blütezeit trocken und abgestorben sind, haben der Silberdistel zu ihrem Namen verholfen. Bekannt sind die Pflanzen hier und da auch unter dem Namen Wetterdistel. Die Hüllblätter öffnen und schließen sich nämlich je nach Luftfeuchte. Es handelt sich hier um sogenannte hygroskopische Bewegungen: Dabei nehmen die äußeren Zellen bei Feuchtigkeit Wasser auf, wodurch sich die Hüllblätter nach innen wölben und über den Blütenstand legen. Bei Trockenheit verdunstet das Wasser wieder, und die Hüllblätter spreizen sich ab. Diese Bewegungen können immer wieder ablaufen. Die Blätter reagieren schon auf eine leichte Zunahme der Luftfeuchtigkeit, beispielsweise bei einer nahenden Gewitter- oder Regenfront. Ob man Silberdisteln wirklich für die Wettervorhersage oder einfach zur Zierde an Türen und Scheunen gehängt hat, sei dahingestellt. Tatsache ist, dass sie auch aufgrund ihrer beliebten Verwendung in Trockensträußen regional seltener geworden sind und daher in einigen Ländern gesetzlich geschützt sind. Im Alpenraum ist die Art nicht gefährdet, wohl aber im Tiefland und in den Mittelgebirgen, wo sie auf mageren Trocken- und Halbtrockenrasen sowie lichten Zwergstrauchheiden wächst. Dort sind die Hauptverursacher für den Rückgang die üblichen Verdächtigen: Vernichtung der Biotope durch landwirtschaftlich bedingte Nährstoffeinträge, Überbauung oder Auflassung von Wiesen und Weiden und deren Verbuschung.

Im Alpenraum ist die Silberdistel auf Bergwiesen und in Latschengebüschen weit verbreitet. Meist wächst sie auf karbonat- oder zumindest basenreichen Böden, ist gelegentlich aber auch auf zumindest oberflächlich versauerten Böden anzutreffen. Es werden zwei Unterarten unterschieden: Da ist zum einen die sogenannte Nominatsippe, *Carlina acaulis* subsp. *acaulis,* deren Blütenstände keinen oder nur einen kurzen Stängel haben – das griech. *acaulis* bedeutet «ohne Stängel». Zuweilen kommen aber auch Pflanzen mit gestielten Blütenständen vor, die Unterart *Carlina acaulis* subsp. *caulescens* – zu Deutsch «gestielte stängellose Silberdistel».

Nach diesem Stängelgewirr wenden wir uns wieder der Pflanze zu, die zu ihrer Blütezeit von Juli bis September eine wichtige Nektarpflanze für zahlreiche Schmetterlinge ist, etwa für die in Gebirgsregionen typischen Mohrenfalter oder den weit verbreiteten Admiral *(Vanessa atalanta)*. Von Letzterem sind auch immer wieder Raupen an der Silberdistel zu finden.

Borstig, rau und einfach schön: die Borstgrasrasen

In den Zentralalpen über sauren Urgesteinen suchen wir vergeblich nach Edelweiß und Langsporn-Veilchen. Hier dominieren Rasengesellschaften, in denen ein Gras vegetationsbestimmend ist, das seinem Namen alle Ehre macht: Das Borstgras hat steife, aufrechte und recht borstige Blätter, die zur Blütezeit von den schlanken Ähren überragt werden. Die zum Spätsommer hin trockenen Stängel und Blattscheiden geben den Borstgrasrasen einen hellbraunen Grundton. Das Borstgras ist häufig bestandsbildend und wird durch Beweidung gefördert, da es vom Vieh kaum gefressen wird.

Borstgrasrasen sind der Lebensraum einer der bekanntesten mitteleuropäischen Heilpflanzen, die uns bereits im Tiefland begegnet ist: der **Arnika** *(Arnica montana)*. Die Art, die wie das Edelweiß zur Familie der Korbblütler gehört, ist hier in den subalpinen und alpinen Lagen im Gegensatz zu tieferen Lagen noch verbreitet und häufig. Arnika und Silberdistel gehören zu den wenigen mitteleuropäischen Pflanzenarten, die von der Nord- und Ostseeküste über die Mittelgebirge bis in die subalpine Stufe hinein vorkommen – von Meereshöhe bis knapp 3000 Meter! Diese beachtliche Höhenamplitude zeugt von einer enormen Anpassungsfähigkeit der beiden Arten.

Die **Bärtige Glockenblume** *(Campanula barbata)* hingegen ist weitgehend auf die subalpine und alpine Stufe beschränkt und steigt nur hier und da, zum Beispiel entlang von Forststraßen, in die montane Stufe hinab. Ihr Name bezieht sich auf die langen Wimpern, die die Kronzipfel der Blüten säumen. Die Bestäubung erfolgt vor allem durch verschiedene Bienenarten und funktioniert nach dem gleichen Prinzip wie bei der Pfirsichblättrigen Glockenblume bereits geschildert (siehe Seite 65). Die zahlreichen feinen Samen, die hauptsächlich vom Wind verweht werden, reifen in Kapseln und werden durch mehrere Poren entlassen.

Die Bärtige Glockenblume ist in den Alpen weit verbreitet. Nach den Kaltzeiten ist sie aus unterschiedlichen Refugialgebieten wieder in die Alpen eingewandert, wie anhand molekulargenetischer Untersuchungen nachgewiesen werden konnte. Die verschiedenen Vorkommen unterscheiden sich aber nicht nur in ihrer genetischen Ausstattung. Anzahl der Blätter und Blüten sowie Wuchshöhe spiegeln Anpassungen an die Meereshöhe wider, in der die Population wächst.

Die Bärtige Glockenblume kommt nicht nur in den Alpen vor, sondern auch in Norwegen, wo sie recht selten ist und in offenen Birkenwäldern, auf gerölligen Wiesen an der Baumgrenze, aber auch auf Heuwiesen und Weiden wächst. Dieses arktisch-alpine Verbreitungsmuster tritt bei zahlreichen kälteresistenten Arten auf, die die Kaltzeiten in Mitteleuropa in den unvergletschert gebliebenen Kältesteppen überdauert hatten und durch das zunehmend wärmere Klima einerseits in den hohen Norden, andererseits in die hohen Regionen der Berge verdrängt wurden.

Die sauren Borstgrasrasen stehen in ihrer Artenfülle den Almwiesen auf Kalk nur wenig nach. Hier wachsen auffällige und farbenprächtige Arten wie der große, dunkelrot blühende **Purpur-Enzian** *(Gentiana purpurea)* und der blau blühende Stängellose Enzian.

Der **Stängellose Enzian** *(Gentiana acaulis)* gehört zur bekannten Gruppe der Glocken-Enziane, die im Frühsommer die Wiesen und Matten der subalpinen Stufe mit ihren großen, leuchtend blauen Blüten zieren. Sie öffnen sich im warmen Sonnenlicht, indem die Zellen auf der Kronröhren-Innenseite durch Wasseraufnahme wachsen. Bei Kälte, aber auch bei Erschütterungen, die durch Regen oder Hagel ausgelöst werden, schließen sich die Blüten, indem die Zellen auf der Kronröhren-Außenseite ebenfalls durch Wasseraufnahme vergrößert werden. Im Lauf der Blütezeit werden die Enzianglocken also immer größer – ein Phänomen, das bei vielen Blüten zu beobachten ist.

Schaut man in die Blüte des Stängellosen Enzians, so sieht man im Inneren der Kronröhre fünf olivgrüne und gepunktete Streifen, von denen sich Punktreihen bis zum Blütengrund fortsetzen. Diese Punktreihen weisen den Blütenbesuchern den Weg zum Nektar, der sich tief unten im Blütenschlund befindet. Es sind in der Regel Hummeln oder Bienen, die sich an den Staubblättern vorbeizwängen und dabei ordentlich mit Blütenstaub bepudert werden. Er wird beim Besuch der nächsten Blüten auf deren zweigeteilten Narben, die weit aus der Staubblattröhre hinausragen, abgeladen. Bleiben die Enzian-Blüten wegen unwirtlicher Wetterperioden, wie sie in den Alpen durchaus vorkommen, tagelang geschlossen oder sind nicht genügend Bestäuber unterwegs, kann eine Selbstbestäubung erfolgen. Zum Ende der Blütezeit neigt sich die Blüte nach unten, und Pollen kann auf die Narbe der eigenen Blüte gelangen. Auch wenn Fremdbestäubung stets die erste

Purpur - Enzian
Gentiana purpurea
Ostalpen-Enzian
Gentiana pannonica
Purpur - Enzian
(Gentiana purpurea)
Diese Art ist hauptsächlich
in den Westalpen verbreitet.
Verwechslungsmöglichkeit besteht
mit dem Ostalpenenzian, der
aber vom Arlberg ostwärts
vorkommt.
Enziangewächse
Blütenfarbe: rötlich purpurn, gepunktet
Blütezeit: Juli bis Oktober
Wuchshöhe: 20 - 60 cm
Vorkommen: Alpweiden und Wiesen,
lichte Wälder. Auf kalkarmen, humusreichen Böden von 1600 m - 2700 m NN
An einem dicken, unverzweigten Stängel stehen die paarweisen Blätter,
die von starken Nerven durchzogen sind. Die glockenartigen Blüten
sind leicht gepunktet und innen gelblich gefärbt. Sie duften
nicht. Die dicke, verzweigte Wurzel wurde früher, wie die
des Gelben Enzians zu einem bitteren Enzianschnaps verarbeitet.

Wahl ist, kann sich die Enzian-Blüte selbst bestäuben und den Fortbestand der Art am Standort sichern.

Das klappt aber nur, wenn die Wiesen nicht gedüngt werden. Eine Düngung, egal ob Jauche oder Mineraldünger, lässt zwar den Heuertrag in die Höhe schnellen, weil die Gräser davon profitieren. Doch konkurrenzschwächere Arten wie der Stängellose Enzian werden überwuchert und sterben ab. Schon eine einzige Düngung verändert die Flora einer Almwiese für Jahrzehnte, eine Tatsache, die man überall in den Alpen beobachten kann. So sind beispielsweise auf der größten Hochalm Europas, der Seiser Alm in Südtirol, die einst legendären Blumenwiesen nur noch auf wenigen, unwegsamen und steilen Hängen zu finden und vielerorts artenarmen und überdüngten Löwenzahnwiesen gewichen. Und weil die traditionellen, an das Leben in der Höhe angepassten Rinderrassen durch Schwarzbunte, die mehr Milch liefern, ersetzt wurden, sehen die Wiesen der Seiser Alm inzwischen aus wie Tieflandwiesen mit Dolomitenkulisse. Der trotz Klimawandel ungebremste Wahn des Wintertourismus, für dessen Schneekanonen Wasserspeicherbecken selbst auf Wiesen mit vielen geschützten Arten gebaut werden, tut sein Übriges – nicht nur in Südtirol, sondern auch in vielen anderen Regionen der Alpen.

Der Stängellose Enzian wird im Deutschen zuweilen auch Kochscher Enzian oder Silikat-Glocken-Enzian genannt, um ihn von einer anderen, sehr ähnlichen Enzian-Art zu unterscheiden, dem Kalk-Glocken-Enzian oder **Clusius' Enzian** *(Gentiana clusii)*. Der Stängellose unterscheidet sich vom Clusius' Enzian unter anderem durch wesentlich kürzere Blätter und durch die Streifen im Inneren der Kronröhre. Insbesondere sind die beiden Arten aber standörtlich getrennt: Während Clusius' Enzian ausschließlich auf Kalkböden vorkommt, wächst der Stängellose Enzian auf Silikatböden. Wo der Boden durch eine dicke Humusauflage oberflächlich versauert ist, ist der Stängellose Enzian aber wie viele andere Borstgrasrasen-Arten auch auf Kalk anzutreffen. Die beiden Enzian-Arten sind ein schönes Beispiel für die sogenannte Vikarianz, die das Vorkommen nah verwandter Arten auf ökologisch oder räumlich getrennten Standorten beschreibt.

Purpur-Enzian
(Gentiana purpurea)

Am kühlen Nass

Wo Wasser aus dem Hang austritt oder sich in Senken sammelt, entstehen Feuchtgebiete, die zuweilen nur wenige Quadratmeter groß sind, deren Vegetation sich aber deutlich von den umliegenden Flächen unterscheidet. Hier finden wir das **Sumpf-Herzblatt** *(Parnassia palustris)*, dessen große, weiße Blüten nicht zu übersehen sind. Es wächst vor allem in nassen Habitaten, kann aber im Tiefland durchaus auch auf oberflächlich trockenen Kalkmagerrasen vorkommen, solange die Wurzeln feuchte Bodenschichten erreichen können.

Über ihren fünf Kelchblättern trägt die Sumpf-Herzblatt-Blüte fünf Kronblätter, die sich zur Blütezeit zu einer rund drei Zentimeter breiten Schale öffnen und in deren Zentrum sich der Griffel sowie fünf Staubblätter befinden. Wie die Blüten der Glockenblumen und Enziane sind die Blüten des Sumpf-Herzblattes vormännlich. Zuerst öffnen sich die Staubbeutel, und zwar nacheinander. Jeden Tag biegt sich ein Staubblatt nach unten, der Staubbeutel öffnet sich, vertrocknet am Ende des Tages und fällt vom Staubblatt ab. Erst wenn alle Staubbeutel verblüht sind, öffnet sich der Griffel und entfaltet die Narbenäste. Zwischen Kron- und Staubblättern gibt es fünf weitere Blättchen. Es sind sterile Staubblätter, die in feine Zipfel geteilt sind, an deren Spitzen sich eine gelb glänzende Verdickung befindet. Von Weitem sehen sie aus wie Staubbeutel, aus der Nähe wie glitzernde Nektartropfen. Und das lockt Fliegen an, die in der Blüte herumkrabbeln und den vermeintlichen Nektar auflecken wollen. Dabei geraten sie entweder auf einen der offenen Staubbeutel und werden mit Blütenstaub bepudert, oder sie laden ebendiesen auf einer geöffneten Narbe ab und bestäuben die Blüte. Nektar suchen sie aber vergeblich – das Sumpf-Herzblatt ist eine Fliegentäuschblume. Die Fliege fliegt also hungrig weiter.

Vom Sumpf-Herzblatt wurde die Fliege nur getäuscht, mehr ist nicht passiert. Lässt sich eine Fliege auf Nahrungssuche vom **Gemeinen Fettkraut** *(Pinguicula vulgaris)* täuschen, bezahlt sie das mit dem Leben. Die Fettkräuter (Gattung *Pinguicula*) sind allesamt insektivore, also insektenfressende Pflanzen. Die drüsenreichen Blätter scheiden ein klebriges Sekret aus, das ihnen einen deutlichen Glanz verleiht und der Pflanze zum deutschen Namen Fettblatt verholfen hat. Kleine Tiere, die vom Glanz angelockt werden, bleiben auf den Blättern kleben, woraufhin die Blätter proteinspaltende Enzyme absondern, sich allmählich einrollen und die Beute verdauen. Mit der Fähigkeit, Insekten zu fangen, sichern sich die Pflanzen eine ausreichende Versorgung mit Stickstoff auf nährstoffarmen Böden. Die Fettkräuter gehören übrigens zur Familie der Wasserschlauchgewächse (Lentibulariaceae), die wir in den Mooren bereits kennengelernt haben.

Das Gemeine Fettkraut ist wie das Sumpf-Herzblatt zirkumpolar auf der Nordhalbkugel verbreitet und wächst vom Tiefland bis in die subalpine Stufe der Hochgebirge. In den mitteleuropäischen Gebirgen sind beide Arten häufig, im Tiefland hingegen im Rückgang begriffen, vielerorts selten oder ausgestorben.

Mit viel Glück huscht am frühen Morgen, wenn die Luft feucht und Gräser und Kräuter noch vom nächtlichen Tau benetzt sind, vor dem Wanderer ein zartes, pechschwarzes Tier über den Weg und unter einen Stein. Es ist der **Alpensalamander** *(Salamandra atra)*, ein überwiegend nachtaktives Tier. Wenn mit steigender Sonne und aufkommendem Wind die Temperatur ansteigt und die Luftfeuchtigkeit sinkt, zieht er sich in seine Höhlen unter Steinen, Wurzeln oder Mäuselöchern zurück. Nur wenn im Hochsommer eine lange Trockenperiode mit einem kräftigen Gewitter endet, kommt er wie der Feuersalamander auch mal bei Tageslicht aus seinem Versteck und macht Jagd auf Insekten, Spinnen und andere kleine Bodentiere. Die Alpensalamander ihrerseits werden nur von wenigen Tieren wie einigen Vögeln oder Schlangen gefressen, denn ihre Haut produziert eine giftige Substanz, die zu Muskel- und Atembeschwerden sowie Übelkeit führen kann. Für Menschen ist der Alpensalamander entgegen mancher Mythen und Legenden allerdings völlig harmlos.

Als einziger Lurch ist er in seinem Lebenszyklus nicht auf Seen, Teiche oder Pfützen angewiesen. Die Weibchen gebären ein bis zwei voll ausgereifte und mit Lungen ausgestattete Jungtiere, die sich während einer langen Trächtigkeit von zwei bis drei, in hohen Lagen auch fünf Jahren in ihrem Körper entwickelt haben. Die Larven ernähren sich zunächst vom reichen Eidotter, später von unbefruchteten Eiern und von Nährzellen, die im Uterus des Weibchens produziert werden.

Die weitgehend mitteleuropäisch verbreitete Art, die den Winter in Bodenhöhlen überdauert, kommt regional in Kalkgebirgen im gesamten Alpenraum vor. Eine isolierte Population befindet sich im Dinarischen Gebirge auf dem Balkan. Die Tiere, die zwölf Zentimeter lang und 15 Jahre alt werden können, leben in Schluchten, Karsthöhlen, naturnahen Laub- und Laubmischwäldern, auf Zwergstrauchheiden, feuchten Bergwiesen und Schutthalten zwischen etwa 600 und 2500 Metern. Die Populationen können unter günstigen Bedingungen recht hohe Bestandsdichten von mehreren Hundert Tieren erreichen. Auch wenn die Art in ihrem Gesamtareal nicht gefährdet ist, trägt die Zerstörung ihres Lebensraumes durch den Bau von Straßen und Dämmen sowie die Planierung für Skipisten samt Beschneiung dazu bei, dass der Alpensalamander lokal selten wird.

Entlang der kleinen Bäche, am Rand der Moore, in Quellfluren oder auf überrieselten Steinen leuchten die dotter- bis orangegelben, selten dunkelroten Blüten des **Fetthennen-Steinbrechs** *(Saxifraga aizoides)*. Er ist eine auf der Nordhemisphäre weit verbreitete Art, die in allen europäischen Gebirgen sowie in Asien und Amerika vor allem in den subarktischen Gebirgen vorzugsweise auf Kalk vorkommt. In den Westalpen ist er die Futterpflanze des **Hochalpen-Apollo** *(Parnassius sacerdos)*. Die Blätter enthalten wie die Blüten den orangen Farbstoff Carotin. Hochalpen-Apollo-Raupen, die am Fetthennen-Steinbrech fressen, haben als Falter daher leicht gelbliche Flügel.

Die Hochalpen-Apollo-Raupen der Ostalpen hingegen fressen an der Rosenwurz *(Rhodiola rosea)*, ihre Falter haben reinweiße Flügel.

Frühlings-Enzian
(Gentiana verna)

Frühlings-Enzian
(Gentiana verna) L.
Gentiana verna Linnaeus

Auf feuchten Bergwiesen und -weiden oder am Rand von Quellen und Bächen leuchten die Blüten des **Bayerischen Enzians** *(Gentiana bavarica)*. Er gehört zu den «Stielteller-Enzianen» mit schlanken Kronröhren, über denen sich fünf Kronzipfel flach ausbreiten.

Zu den Stielteller-Enzianen gehören mehrere, zum Teil recht variable und nicht einfach zu unterscheidende Arten wie der **Frühlings-Enzian** *(Gentiana verna)*, der trockenere Standorte als der Bayerische Enzian bevorzugt. Eines ist allen Stielteller-Enzianen gemein: Das leuchtende Blau ihrer Blüten übertrifft in seiner Tiefe und Klarheit das blaueste Blau selbst des schönsten strahlend blauen Berghimmels.

Die Blüten der Stielteller-Enziane sind mit ihrer langen Kronröhre typische Falter-Blumen. Die lange Kronröhre ist bis auf fünf schmale Öffnungen von der Narbe verschlossen. Nur Falter sind dank ihres langen Rüssels in der Lage, an den Nektar am Kronröhrengrund zu gelangen. Bei Erschütterungen durch Regen, Hagel oder Sturm und durch das Absinken der Temperatur schließen sich die Blüten. Wird es zu ungemütlich, ist ohnehin kein Falter mehr unterwegs.

Der Bayerische Enzian kommt nicht nur in den Bayerischen Alpen vor, sondern ist im gesamten Alpenraum von der subalpinen bis in die subnivale Stufe verbreitet – er gehört also zu den Arten, die knapp bis zur Grenze des nunmehr nicht mehr «ewigen Eises» vordringen. Er wächst sowohl auf Kalk- als auch auf Silikatböden, wichtig ist ihm nur, dass die Böden ausreichend mit Wasser versorgt sind.

Lange Winter, zarte Blumen: die Schneetälchen

In schattigen Senken, die spät ausapern, also wo der Schnee erst spät schmilzt, ist die Vegetation spärlich. Schneetälchen, wie diese Senken genannt werden, wirken aus der Ferne braun und öde. Aber beim Näherkommen fallen einem sofort die feinen Glöckchen der **Zwerg-Soldanellen** *(Soldanella alpina)* ins Auge, die verstreut auf dem nassen Boden wachsen und zur typischen Vegetation der Schneetälchen über Urgestein zählen.

Die **Zwerg-Troddelblume**, wie die zarte Pflanze auch genannt wird, hat typische Streukegelblumen: Die Staubbeutel umgeben kegelförmig den Griffel. Besuchen Hummeln oder Schmetterlinge die Blüte, streifen sie mitgebrachten Pollen zunächst an der Narbe am Griffelende ab. Dringen sie auf der Suche nach Nektar weiter in die Blüte vor, rieselt ihnen aus dem Staubblatt-Streukegel wiederum Pollen auf den Rücken. Die winzigen, nur 0,25 Milligramm leichten und einen knappen Millimeter kleinen Samen reifen in kleinen, kugeligen Kapseln, die sich bei Trockenheit öffnen, und werden durch den Wind ausgebreitet.

Hart im Nehmen – Überlebenskünstler auf Fels und Stein

Wo Bergwiesen von grobem Schutt und steilen Böschungen entlang der Bäche durchzogen sind, wechselt schlagartig die Vegetation. Nur noch wenige Arten sind in der Lage, die feinerdearmen und rasch trockenfallenden Standorte zu besiedeln.

In sonniger Lage fallen kleine und große Rosetten auf, mit spiralig nach innen immer kleiner werdenden, dickfleischigen Blättern. Es sind **Hauswurz**-Arten *(Sempervivum)*, echte Überlebenskünstler und in der Lage, selbst auf Mauern und Dächern zu wachsen. Ihre Fähigkeit, lange ohne Wasser auszukommen, hat der Gattung zum lateinischen Namen *Sempervivum* – immer lebend – verholfen. Vielleicht auch, weil frische Blätter in der Herbarpresse des Botanikers einfach weiterwachsen, um wieder ans Licht zu kommen. Mit ihren Wurzeln dringen die Pflanzen in feinste Felsritzen, Wasser und Nährstoffe speichern sie in ihren Blättern. Im Lauf der Zeit bilden sie dichte Polster, die sich eng an den Untergrund schmiegen und aus denen sich im Hochsommer auf beblätterten Stängeln sternförmige gelbe oder rote Blüten erheben.

Ihre sukkulenten, also dickfleischen Blätter sind kennzeichnend für die Familie der Dickblattgewächse (Crassulaceae). Zu ihr zählen auch der bekannte Mauerpfeffer oder die weit verbreitete Fetthenne. Eine Besonderheit ist der Stoffwechsel der Dickblattgewächse, denn sie lassen die Spaltöffnungen tagsüber geschlossen und verlegen den Gasaustausch – die Aufnahme von CO_2 und Abgabe von Sauerstoff – in die Nacht. Dadurch umgehen sie den Wasserverlust, der bei geöffneten Spaltöffnungen an heißen, trockenen Tagen unvermeidbar ist. Die Fotosynthese aber, die CO_2 und Wasser zu Zucker und Sauerstoff umwandelt, funktioniert nur mit Licht. Deshalb speichern die Pflanzen das in der Nacht aufgenommene CO_2 mithilfe von Äpfelsäure und setzen es tagsüber wieder frei.

Hauswurz
Sempervivum marmoreum
Johann Brandstätter
2020

In den Alpen kommen acht Hauswurz-Arten vor. Einige von ihnen, allen voran die Spinnen-Hauswurz, deren Blattspitzen mit feinen weißen Haaren untereinander verbunden sind, sind weit verbreitet und kommen auf Kalk- und Silikatgestein vor. Die meisten aber haben eher regionale oder nur sehr kleinräumige Verbreitungsgebiete wie die rein südwestalpische Großblütige Hauswurz *(Sempervivum grandiflorum)*, die von den Walliser Alpen über das Gran-Paradiso-Massiv südwärts bis in die Cottischen Alpen vorkommt. Die variable, weißlich bis hellgelb blühende Art wächst ausschließlich auf Silikatgestein.

Aus den Spalten großer Felsen, an felsigen Böschungen, in den Überhängen steiler Abbrüche, aber auch in manchen Lücken in Hochstaudenfluren leuchten die zarten Blüten des **Gelben Veilchens** *(Viola biflora)*. Es hat häufig, aber nicht immer zwei Blüten pro Stängel, die vor allem von Fliegen aufgesucht werden. Der Nektar des Gelben Veilchens befindet sich in einem recht kurzen Sporn, sodass auch kurzrüsselige Tiere an ihn gelangen können. Bevor sie zum Nektar kommen, stehen ihnen aber Staubblätter und Griffel im Weg, die bei den Veilchen einen besonderen Aufbau haben: Die Staubbeutel bilden einen Kegel um den Griffel herum, in den sie den Blütenstaub entleeren. Die Fliege gerät mit ihrem Körper an den Griffel, entlädt eventuell mitgebrachten Blütenstaub auf dessen Narbe, und beim nächsten kleinen Ruck rieselt aus dem Streukegel der Blütenstaub auf ihren Rücken. Die Bestäubung der nächsten Blüte kann erfolgen. Später im Jahr bildet das Gelbe Veilchen wie viele andere Arten der Gattung Blüten, die sich nicht öffnen. Es sind sogenannte kleistogame Blüten, die zur Selbstbestäubung in der Lage sind.

Die zarte Veilchen-Art kann dank ihrer Ausläufer große Bestände bilden. Sie ist ausschließlich in luftfeuchten, schattigen Lagen zu finden und steigt vom Bergwald bis in die alpine Stufe auf.

Festhalten, Sturmwarnung – leben auf windumtosten Kuppen

Wie bereits beschrieben, ist in den Bergen ab einer bestimmten Höhe Schluss mit dem Baumwachstum. Das heißt aber nicht, dass es hoch über der Baumgrenze keinerlei Gehölze mehr gibt. Sie werden nur zusehends niedriger, bis sie von uns kaum mehr als Gehölze wahrgenommen werden. Aber es gibt sie noch. Bis in die alpine Stufe können selbst auf ausgesetzten Kuppen kleinste Minibäume wachsen und – das ist ja das Faszinierende an vielen Arten der alpinen Flora – unter den unwirtlichen Bedingungen des kurzen Bergsommers einen prachtvollen Blütenflor entwickeln.

Zu diesen kleinen Gehölzen zählt die **Gämsheide** *(Kalmia procumbens,* Syn. *Loiseleuria procumbens)*, ein immergrünes Heidekrautgewächs. Sie wird durch Hummeln wie beispielsweise die Bergland-Hummel *(Bombus monticola)* bestäubt, die in diesen hohen Lagen mit ihrem typisch dichten Hummelpelz vor der eisigen Kälte geschützt ist.

Die Gämsheide ist eine charakteristische Art der Windkuppen, also Wind und Wetter ausgesetzten Felsen und Felsvorsprüngen, auf denen der Schnee rasch weggeblasen wird. Den harschen Standortbedingungen trotzt die Gämsheide mit in den Zellen eingelagerten Zuckern als Frostschutzmittel. Zwischen den eng dem felsigen Boden anliegenden Zweigen sammeln sich abgestorbene Blättchen und andere Pflanzenreste, die langsam verrotten und im Lauf der Zeit zu Humus werden, der Nährstoffe und Wasser speichert und Bodentieren einen Lebensraum gibt.

Immer in Bewegung: Geröllfluren

Die blütenreichen alpinen Rasen der Kalkalpen müssen dort, wo sich aus steilen Felswänden ständig Gesteinsbrocken lösen, hellgrauen Schuttfluren weichen. Aus der Ferne wirken diese Steinwüsten karg, steril und vegetationslos. Kommen wir aber im Hochsommer dem Schuttkar näher, sind die weit über den ganzen Hang verstreuten weißen, gelben oder orangen Blüten des **Alpen-Mohns** *(Papaver alpinum)* nicht zu übersehen. Sie sind in dieser unwirtlichen Umgebung eine wichtige Nahrungsquelle für verschiedene Fliegen, die vom eiweißreichen Pollen der nektarlosen Blüten profitieren.

Alpen-Mohn (Papaver alpinum)

Mehrjährige, krautige Pflanze mit unpaarig gefiederten Blättern. Je nach klimatischen Verhältnissen wird der Blütenstiel 5–20 cm hoch. Sie bildet gedrungene Horste und bei Verletzung tritt weißer Milchsaft aus.

Mehrere Unterarten sind beschrieben

- subsp. rhaeticum: (Zentralalpen) Blütenfarbe: gelb u. orange.
- subsp. sendtneri: nördl. Kalkalpen Blütenfarbe weiß.
- subsp. kerneri: Slowenien Blütenfarbe gelb.
- subsp. alpinum: nordöstl. Kalkalpen Blütenfarbe weiß.

Der morphologisch überaus variable Alpen-Mohn, von dem verschiedene Formen oder Unterarten beschrieben wurden, gilt als Relikt der Kaltzeiten. Seiner heutigen Verbreitung von den Pyrenäen über die Alpen bis in die Karpaten und südlich bis in die Abruzzen liegen komplexe Überlebens- und Einwanderungsprozesse zugrunde.

Schuttfluren weglos zu überqueren, ist insbesondere im Frühjahr und Herbst oder nach starken Regenfällen aufgrund der Steinschlaggefahr nicht nur äußerst gefährlich, sondern auch arg mühsam: Die mehr oder weniger großen, kantigen Gesteinsbrocken und Steine liegen lose übereinander, und der ganze Hang befindet sich in kontinuierlicher Fließbewegung. Der Alpen-Mohn begegnet dieser Instabilität seines Lebensraumes mit einer kräftigen Pfahlwurzel. Ein Geflecht feiner Wurzeln nutzt die Feinerde, die sich hier und da unter den Gesteinsbrocken angesammelt hat und die Pflanze bis lange in den Sommer hinein mit Schmelzwasser versorgt. Wird der Alpen-Mohn durch herabrutschende und -fallende Steine verschüttet, treiben seine Ausläufer durch den Schutt hindurch wieder an die Oberfläche. Die Blattrosetten wachsen schnell und kräftig und tragen dazu bei, dass sich an ihnen herabfließender Schutt staut und die Halde bis zum nächsten Steinschlag ein wenig stabilisiert wird. Steinschlag ist somit für diesen Überlebenskünstler nur ein geringes Problem. Auch durch direkte menschliche Aktivitäten droht der Art kaum Gefahr, denn nur wenige Wege führen durch ihr für jegliche landwirtschaftliche oder weitere touristische Nutzung ungeeignetes Terrain. Anders sieht es mit einer anderen Bedrohung aus, die der wunderschönen filigranen Art zum Verhängnis werden wird, wenn wir ihr nicht rechtzeitig entgegensteuern: Eine Studie über die Bestände einer weiß blühenden Form, die in den westlichen Schweizer Voralpen und der Haute Savoie ausschließlich auf nordexponierte Schutthalden beschränkt sind, ergab, dass diese Vorkommen in hohem Maße vom Klimawandel bedroht sind.

Krallen in der Vertikalen: Dolomitenwände

Steil ragen die bleichen Berge der Dolomiten auf. Dass sich an ihren senkrechten Wänden Kletterer wohlfühlen, wird jeder Sportler nachvollziehen können, aber dass in ihren schattigen und kalten Nordflanken Pflanzen wachsen und gedeihen, deren Blüten zu den schönsten der Alpenflora gehören, fasziniert bei jeder Begegnung mit der **Schopfigen Teufelskralle** *(Physoplexis comosa)*.

Die Schopfige Teufelskralle wächst von der montanen bis in die subalpine Stufe und ist auf Kalk- und Dolomitschluchten beschränkt. Dort ist sie vor Trockenheit und allzu niedrigen Temperaturen im Winter geschützt. Ihre feinen Wurzeln dringen in Felsspalten und -risse ein. Im Frühsommer erscheinen die bizarren Blüten, von denen 8 bis 20 in einem halbkugeligen Blütenstand zusammenstehen. Die feinen Samen reifen in Kapseln, die sich mit Spalten öffnen, und werden vom Wind fortgeweht.

Die Schopfige Teufelskralle ist ein Endemit der Südostalpen, das heißt, sie kommt nur hier vor. Sie hat als Tertiärrelikt die Kaltzeiten in den Randlagen der Alpen überdauert. Dies erklärt auch ihre zerstückelte Verbreitung: Die Art ist heute vom Comer See in der Lombardei bis ostwärts in die Julischen Alpen in kleinen, begrenzten Arealen zu finden.

Leben im einst ewigen Eis: die Gletscher

Der **Gletscherfloh** *(Desoria saltans)* wurde 1841 nach seinem Entdecker Edouard Desor benannt: Der Geologe hatte die Art erstmals 1840 auf dem Gornergletscher gesichtet. Die flotten Tierchen waren ihm aber entwischt, als er sie seinem Kollegen Hercule Nicolet zeigen wollte. Doch einige Zeit später gelang es einer Gruppe um die genannten Wissenschaftler auf dem Unteraargletscher, den Gletscherfloh wieder zu finden. So kam *Desoria saltans*, die «springende Desoria», zu ihrem wissenschaftlichen Namen. Der deutsche Name führt auf eine falsche Fährte, der Gletscherfloh ist kein Floh, auch wenn er genauso gut hüpfen kann, sondern ein Springschwanz.

Springschwänze (Collembolen) gehören wie Insekten zur Gruppe der Hexapoda oder Sechsfüßer. Es sind kleine, bodenbewohnende Tiere, die sich vorwiegend von Pflanzenresten ernähren und weltweit mit rund 9000 Arten vorkommen. Die meisten Springschwänze leben in feuchten, humusreichen Waldböden, sie sind aber selbst in Wüsten, an Meeresküsten oder eben wie unser Gletscherfloh auf Eis zu finden. Dort ist er nicht alleine. Es gibt mehrere Collembolen-Arten, die sich auf den alpinen Gletschern tummeln. Die Überlebenskünstler in eisiger Höhe ernähren sich von angewehtem Pollen und anderem pflanzlichen Material und auch von Algen, die im Gletscher wachsen.

Gletscherflöhe, die sich nur bei Temperaturen unter zehn Grad Celsius wohlfühlen, leben in Lücken im Gletschereis und unter Steinen und Felsblöcken. Die Tiere, die eine Lebenserwartung von rund drei Jahren haben, sind noch bis −14 Grad Celsius aktiv. Wie viele kälteangepasste Tier- und Pflanzenarten ist eine Kombination verschiedener Zucker das Frostschutzmittel der Wahl. Wenn im Frühjahr das Schmelzwasser über die Gletscher rinnt, werden die Gletscherflöhe aus ihren Behausungen vertrieben und sind manchmal für kurze Zeit zu Tausenden auf der Gletscheroberfläche zu finden.

Während der dramatische Artenrückgang, wie wir ihn derzeit beobachten müssen, im Tiefland, in den Mittelgebirgen und den unteren Lagen der Alpen weitgehend auf die Nutzung unserer Landschaft und – bis auf wenige Ausnahmen – kaum auf die Erderwärmung zurückzuführen ist, ist der Rückgang von Arten in eisigen Höhen, in denen wir Menschen nicht leben können, untrennbar mit dem Schwund der Gletscher verbunden. Auch wenn Schutz der Biodiversität und Klimaschutz immer wieder zu harten Zielkonflikten führen: Ohne Artenschutz UND Klimaschutz – und beides erfordert überaus einschneidende Maßnahmen in unserem Lebensstil – werden wir als Menschen keine Zukunft mehr haben. Ein Leben im Einklang mit der Natur, wie es für unsere Vorfahren der Steinzeit noch Realität war, ist in einer hochtechnisierten Welt nicht mehr möglich. Umso essenzieller ist es, der Natur als Lebensgrundlage des Menschen endlich wieder Raum zum Leben zu geben und die biologische Vielfalt in unserer vielfältigen Kulturlandschaft sowohl durch durchgreifende politische Maßnahmen als auch durch eine nachhaltige und sparsame Lebensweise jedes Einzelnen zu fördern.

Die Zeit drängt.

REGISTER

ESST IHR GRAS ODER RAUPEN?

هل تأكلون العشب أو اليرقات؟

Ein Buch über Familien, übers Streiten & Zuhören.

كتاب عن العائلة، عن النقاش و الاستماع

Text: Cai Schmitz-Weicht

Bilder: Ka Schmitz

Das sind Mikolaj, Mara, Yasemin, Lenny und Tariq.
Sie wollen im Hof Verstecken spielen.
Plötzlich hören sie Stimmen.
Die Kinder schleichen sich an
und entdecken im Gebüsch zwei kleine Gestalten.
Sie haben spitze Ohren und Flügel auf dem Rücken
und streiten so laut, dass Yasemin sich die Ohren zuhält.
„Du matschiger Müllhaufen!"
„Du vertrockneter Baumpilz!"
„Du verbohrte Kopfgurke!"
Jetzt fangen sie an, sich an den Haaren zu ziehen.
„Ey, Haareziehen darf man nicht!", sagt Mara laut.
Erschrocken halten die beiden inne.
„Wir wurden entdeckt!", ruft der eine.
„Das ist deine Schuld, du Schrumpfnudel!"

هؤلاء ميكولاي، مارا، ياسمين، ليني وطارق. كلهم يريدون أن يلعبوا في الفناء لعبة الغميضة. فجأةً، سمعوا بعض الأصوات. فتسلل الأطفال ببطء واكتشفوا أن هناك بين الشجيرات كائنيين صغيرين. لديهما أجنحة وآذان مدببة ويتشاجران بصوت عالي جدا، مما جعل ياسمين تضع يديها على أذنيها لتغلقهما.
"أنت زبالة ملطخة بالطين"
"أنت فطر يابس"
"أنت رأس خيارة مجوفة!"
والآن، بدأ الإثنان كل واحد بشد شعر الآخر.
قالت مارا بصوت عال: "إي، شد الشعر غير مسموح به!".
توقف الإثنان مندهشان. صاح أحدهما "لقد انكشفنا!". "هذه غلطتك، أيها المعكرونة الهزيلة!"

MENSCHEN UND IHRE FAMILIEN

„Wer seid ihr überhaupt?", fragt Mikolaj. „Und warum streitet ihr euch so?"
„Ich bin Welberich und das ist Wendibert. Wir erforschen Sachen.
Dann schreiben wir dicke Bücher darüber und die kommen in die Elfenbibliothek.
Im Moment erforschen wir Menschen und ihre Familien."
„Und warum streitet ihr euch?"
„Weil dieser Mückenkopf behauptet, Menschenfamilien wären wie Ameisen.
Viele Erwachsene und ganz viele Kinder in riesigen Häusern."
„Und du Spinatpups glaubst immer noch, Menschen wären wie Rehe.
Wo die Mutter ihr Kind allein im Gebüsch liegen lässt."

سأل ميكولاي "من أنتما على كل حال؟ ولماذا تتشاجران هكذا؟"
"أنا إسمي فلبريش، وهذا فنديبرت. ونحن نبحث في العديد من المسائل. ثم نكتب عن ذلك الكتب الكبيرة ثم نقوم بوضع هذه الكتب في مكتبة الجان. وحاليا نبحث في موضوع الإنسان وعائلته."
"ولماذا تتشاجران؟"
"لأن رأس البعوضة هذا، يدّعي أن العائلة البشرية تشبه عائلة النمل. ويوجد الكثير من الكبار والكثير الكثير من الأطفال الصغار وهم يعيشون في منازل ضخمة."
"وأنت فص السبانخ لا تزال تعتقد أن الناس مثل الغزلان.

„Moment mal, ihr seid doch Menschen!“, ruft Wendibert.
„Also, wer von uns beiden hat recht?
Wie sind denn nun Menschenfamilien?“
Die Kinder schauen sich ratlos an.
„Ich weiß gar nicht genau, wie Rehe und Ameisen leben“,
sagt Mikolaj nachdenklich. Und Lenny ruft laut:
„Es gibt doch ganz verschiedene Familien!“
„Verschiedene?“ Die Elfen schauen die Kinder ungläubig an.
„Na gut. Dann machen wir jetzt eine Forschung. Jedes Kind
erklärt uns seine Familie und dann sehen wir, wer recht hat.“
„O.k.“, sagt Mikolaj, „ich fang an.“

صرخ فنديبرت "انتظر لحظة، أنتم أكيد من البشر! إذن، من منا
على حق؟ ومما تتكون إذن العائلة البشرية؟"
نظر الأطفال إلى بعضهم البعض محتارين.
قال ميكولاي متفكرا: "أنا لا أعرف بالضبط كيف تعيش عائلات
الغزلان والنمل". فصاحت ليني بصوت عالي:
"بالطبع يوجد عائلات مختلفة!"
"مختلفة؟" نظر الجنيان إلى الأطفال غير مصدقين.
"حسنا. لنقوم في البحث الآن. وينبغي على كل طفل أن يشرح
لنا عن عائلته، ثم نرى من معه حق."
قال ميكولاي: "موافق، وأنا سأبدأ."

Mit kleinen Stöckchen legt er seine Familie auf den Boden.
„Also, ich bin Mikolaj, ich bin fünf. Und das ist meine Mama."
„Ich habe es ja gesagt!", trötet Welberich dazwischen.
„Eine Mama und ein Kind. Wie die Rehe."
„Hey, lass ihn doch ausreden!", sagt Mara.
„Sollen wir euch helfen oder nicht?" Mikolaj erklärt weiter:
„Das ist meine Mama und das ist mein Papa. Die beiden haben sich irgendwann verliebt und wollten Kinder. Da haben sie meine Schwester Alicja bekommen und dann mich.
Als Babys sind wir in Mamas Bauch gewachsen."

استخدم ميكولاي العصي الصغيرة ووضعها على الأرض ليشرح تركيبة عائلته.
"فإذن، أنا ميكولاي، وعمري خمس سنوات، وهذه أمي."
تبوق فلبريش مقاطعا الحديث: "لقد قلت هذا: "أم وطفل. مثل الغزلان."
قالت مارا: "مهلا، دعه يتكلم! هل ينبغي علينا أن نساعدكما أم لا؟" ثم أكمل ميكولاي قائلاً:
"هذه أمي وهذا أبي. في أحد الأيام أحب أبي وأمي بعضهما البعض وأرادا أن ينجبا الأطفال. لقد أنجبا أختي أليسيا وبعد ذلك أنا. فنحن مثل جميع الأطفال، لقد نمونا في بطن أمي."

MAMA
PAPA
ALICJA
MIKOLAJ

„Und wer ist der Mensch mit den Rollbeinen?“,
kräht Wendibert dazwischen.
„Das ist meine Oma. Sie wohnt bei uns. Und das ist ein Rollstuhl.
Wenn ich nicht mehr laufen mag, kann ich auf ihrem Schoß fahren.“
„Und kriegt ihr Gras zu essen? Oder Raupen?“
„Nein, Gras und Raupen essen wir nicht.
Wir essen Suppe und Pfannkuchen zum Beispiel. Oder Pierogi.“
„Also ich hatte recht, du Fliegenrüssel“,
fängt Welberich schon wieder an. „Fast wie die Rehe!“
„Nun wartet doch mal!“, ruft Lenny.
„Erst kommen doch die anderen noch dran!“

نعق فنديبرت مقاطعا الحديث: "ومن هذا الشخص الذي لديه ساقين دائريتين؟".
"هذه جدتي. فهي تعيش معنا. وهذا كرسي متحرك. فعندما لا أرغب بالمشي على قدمي، أجلس في حضن جدتي، لكي أسير بالكرسي."
"هل تأكلون العشب؟ أو الديدان؟"
"لا، نحن لا نأكل العشب ولا الديدان. نحن نأكل على سبيل المثال الشورباء والحلوى أو الفطائر."
"إذن أنا كنت على حق، أنت يا خرطوم البعوضة"، بدأ فلبريش مرة ثانية بمقاطعة الحديث: "فهم يشبهون الغزلان تقريبا!"
صرخت ليني: "انتظر الآن قليلا!". حان الآن دور الآخرين!"

Mara macht weiter.
Sie legt viele kleine Rindenstücke auf den Boden.
„Also ich bin Mara, ich bin sieben.
Und das sind die ganzen Leute von meiner Familie."
„Ätsch! Du Minimücke", zischt Wendibert
seinem Kollegen zu, „wie bei den Ameisen!"
„Ruhe!", ruft Mara und erklärt weiter:
„Das hier ist mein Papa. Und das sind meine
großen Geschwister. Fünf habe ich.
Manche haben eine andere Mama oder
einen anderen Papa als ich."
„Ich weiß was", ruft Tariq dazwischen,
„das heißt Halbgeschwister!"
Mara zuckt die Schultern.
„Also ich sage einfach Geschwister.
Sonst hört es sich an, als wären die nur halb oder so."

واصلت مارا الكلام. فوضعت الكثير من قطع لحاء الأشجار على الأرض.
"أولا، أنا إسمي مارا، وعمري سبع سنوات. وكل هؤلاء الأشخاص هي عائلتي."
"إتش! يا ناموسة صغيرة"، همس فنديبرت لصاحبه، "كما هو الحال في عائلة النمل!"
صاحت مارا "هدوء!" وأوضحت أكثر:
"هذا أبي. وهؤلاء إخوتي، وهم أكبر مني سناً. فأنا لدي خمسة أخوة ومنهم من لديهم أم أخرى أو أب آخر غير أمي وغير أبي."
قاطع طارق الحديث: "أنا أعرف أنا أعرف، اسمهم أخوة غير أشقاء!"
هزت مارا بكتفيها وكررت.
"فأنا أقول بكل بساطة أخوتي. لأنني عندما أقول غير ذلك، يبدو بأننا لسنا إخوة."

„Das hier sind Lisa und Finn, die wohnen bei Papa und mir.
Die anderen drei sind schon erwachsen.
Mein ältester Bruder hat sich in eine Frau verliebt und mit ihr ein Kind bekommen, die Sophie.
Von Sophie bin ich die Tante. Und meine Schwester Julia hat sich auch in eine Frau verliebt und mit ihr ein Kind bekommen, die Nele. Von Nele bin ich auch die Tante."
„Du bist eine Tante?", fragt Tariq.
Verwirrt schaut er auf die Rindenstücke.
„Und wo ist deine Mama?"
„Meine Mama ist ein Engel.
Die passt vom Himmel auf mich auf."
„Und wenn ihr so viele seid wie Ameisen,
esst ihr dann auch Raupen?", fragt Wendibert hoffnungsvoll.
„Igitt, nein! Wir essen höchstens Spaghetti.
Und Gummiwürmer."
Jetzt schütteln sich die Elfen.
Gummiwürmer? Das klingt ja wie Plastik essen.

"هنا ليزا وفين وهما يعيشان مع أبي ومعي. أما الثلاثة الآخرين فهم أصبحوا كبارا. أخي الكبير أحب إمرأة وأنجبا طفلا وأسمياه صوفي. أنا أكون عمة صوفي. أما أختي جوليا أحبت إمرأة أيضا وأنجبتا بنتا واسمها نيلي. أنا أيضا خالة نيلي."
سأل طارق: "أنت عمة؟". ثم نظر إلى قطع لحاء الاشجار باستغراب. "وأين، أين أمك؟"
"أمي ملاك. فهي تحرسني وترعاني من السماء."
سأل فنديبرت متفائلا: "ولماذا أنتم هكذا كثيرون مثل النمل، هل تأكلون أيضا اليرقات؟".
"يا للقرف، كلا! نحن نأكل المعكرونة فقط وكذلك ديدان الحلوى المطاطية."
هز الجانيان جسدهما الآن بعجب. ديدان الحلوى المطاطية؟ يبدو وكأنها مصنوعة من البلاستيك.

MAMA
HANNA
JULIA
NELE
CHARLIE
MARA
FINN
PAPA
LISA

Yasemin legt ihre Familie aus grünen Blättern auf den Boden.
„Ich bin Yasemin. Ich werde bald vier. Das sind Papa Kemal und Mama Annika.
Die sind auch verliebt. Und dann ist da noch meine Bauchmama."
„Ist das die Rehmama?", ruft Welberich dazwischen.
„Esst ihr Gras und Blätter zu Hause?"
„Jetzt sei doch still!", schimpft Mara.
„Wie soll sie das denn erklären, wenn du sie dauernd unterbrichst?"
„Störnudel, Stinkpudel!", ruft Wendibert dazwischen. „Ruhe!"

رسمت ياسمين عائلتها على الأرض واستخدمت الأوراق الخضراء.
"أنا ياسمين. سأصبح قريبا في الرابعة من عمري. هذا بابا كمال وماما أنيكة. هما يحبان بعضهما البعض. وهذا أيضا بطن أمي."
صاح فلبريش مقاطعا: "هل هي أم الغزال؟ وهل تأكلون العشب والأوراق في البيت؟"
نهرت مارا: "اصمت أنت الآن! كيف يمكنها أن تشرح لكما وأنت تقاطعها على الدوام؟"
صاح فنديبرت مقاطعا: "أنت معكرونة مزعجة، وبطباط نتن!".

PAPA KEMAL
YASEMIN
MAMA ANNIKA

Yasemin atmet tief durch.
Sie will sich nicht durcheinanderbringen lassen.
„Wir essen kein Gras und keine Blätter. Außer Salat.
Und Pizza essen wir noch und Pommes und Köfte und viele andere Sachen. Bei meiner Bauchmama bin ich im Bauch gewachsen. Jetzt wohne ich bei Papa Kemal und Mama Annika. Sie freuen sich, dass ich bei ihnen bin.
Sie sagen, sie haben mich lieb für immer. So ist das."

أخذت ياسمين نفسا عميقا. فهي لا تريد أن تشتت أفكارها.
"نحن لا نأكل العشب ولا نأكل الأوراق، باستثناء الخس. أنما نأكل البينزا وكذلك البطاطس المقلية والكفته وأشياء كثيرة أخرى لذيذة. ففي بطن أمي نموت وكبرت. وأنا أعيش الآن مع بابا كمال وماما أنيكة وهما فرحان لأني أعيش بينهما. كما يقولان لي دائما، أنهما يحباني كثيرا وإلى الأبد. فهذا كل شيء."

Bevor die Elfen wieder losstreiten können, macht Lenny weiter.
Lenny hat immer Steine und Murmeln in den Taschen.
Daraus wird jetzt eine Familie.
„Ich heiße Lena. Aber lieber Lenny. Alle nennen mich Lenny.
Meine zwei Brüder sind kleiner als ich. Und hier sind meine Eltern,
Katja und Flo. Katja ist lesbisch, sie verliebt sich in Frauen.
Und Flo ist schwul, der verliebt sich in Männer.
Katja und Flo wollten zusammen Kinder haben.
Das heißt dann Regenbogenfamilie. Schön nicht?"

وقبل أن يبدء الجنيان مرة أخرى في المشاجرة، أكملت ليني الكلام. وكالعادة يتواجد دائما في جيب ليني الحجارة والكرات الزجاجية، والتي بها ستشكل عائلتها.

"أنا إسمي لينا. ولكن أحب أن ينادوني بـ ليني. الجميع يسميني ليني. لدي أخين وهما أصغر مني سناً. وهذان والداي، كاتيا وفلوه. كاتيا سحاقية وهي تحب النساء. وفلوه لوطي وهو يحب الرجال. كاتيا وفلوه كانا يريدان إنجاب الأطفال معا. وهذا يعني أننا عائلة قوس قزح. جميل أليس كذلك؟"

„Wir wohnen immer abwechselnd eine Woche bei Mama und eine Woche bei Papa."
„Und wo ist dann Euer Zimmer?",
fragt Tariq, der sich das nicht richtig vorstellen kann.
„Wir haben mehrere Zimmer. Bei Mama teilen wir Kinder uns eins und bei Papa habe ich ein eigenes.
Papas Freund Thomas wohnt auch mit da.
Thomas ist wie ein Extra-Papa. Er ist super nett.
Wenn ich heimlich Schokolade aus dem Küchenschrank hole, sagt er einfach: ‚Mach nur. Hauptsache, du lässt mir was übrig.'
Mama und Papa sind viel strenger."

"نحن نتناوب بالسكن دائما. يعني اننا نسكن اسبوعا عند امي وأسبوعا عند أبي."
سأل طارق الذي لم يستطع أن يتخيل ذلك بشكل جيد: "وأين توجد غرفتكم؟".
"نحن لدينا عدة غرف. عند أمي، نقتسم نحن الأطفال غرفة واحدة، أما عند أبي، لدي غرفتي الخاصة بي. فصديق أبي توماس يسكن معنا أيضا. توماس هو بمثابة أب إضافي لي. وهو لطيف جدا. وعندما أريد أن أتناول قطعة شوكولاته بالخفاء من الثلاجة، فإنه يقول لي وبكل بساطة: إفعلي ولكن المهم أن تدعي لي شيء ما آكله. أما أمي وأبي فهما أكثر صرامة بكثير."

ATJA
LENNYS BRÜDER
LENNY
FLO
THOMAS

Welberich guckt die Kinder schlecht gelaunt an.
„Was sind denn das für komische Familien!
Mehrere Zimmer, Kindertanten, Extra-Papas und Gummiwürmer.
Blödsinn ist das. Fauliges Bohnenstroh und stinkender Schimmelpilz.
Ihr habt doch gar keine Ahnung von Menschen!“
„Willst du an unseren Familien rummäkeln?“, unterbricht ihn Lenny.
„Du bist ja nur neidisch, du du du…“

نظر فلبريش إلى الأطفال عابسا.
"ما هذه العائلات الغريبة! عدة غرف، عمات، أب آخر وديدان مطاطية. هذا كله هراء. يا قشة الفول اليابسة والفطر المتعفن النتن. أنتم ليس لديكم أي فكرة عن البشر!"
قاطعته ليني: "أنت تتقرف من عائلاتنا؟ فأنت حسود فقط، أنت أنت أنت ..."

Bevor Lenny ein richtig schlimmes Schimpfwort einfällt,
sprudelt Tariq los: „Jetzt bin ich dran, jetzt bin aber ich dran!"
Er kann es kaum noch abwarten.
„Das geht auch ganz schnell, weil meine Familie ja klein ist, guckt:
Ich bin der Tariq. Und schaut: Hier ist Noura, das ist meine Mama.
Mama und ich. Und Mina, die Katze. Als ich einen Babybruder wollte,
hat Mama nein gesagt. Aber eine Katze hat sie erlaubt. Toll nicht?
Zu Hause ist noch Leyla, die wohnt mit bei uns. Das heißt dann WG.
Manchmal spricht sie mit Mama Französisch, damit ich nichts verstehe.
Das ist gemein, oder?"

وقبل أن تتفوه ليني بأي كلمة سيئة، إنطلق طارق بالكلام وقال:
"جاء دوري الآن، الآن جاء دوري!" وبالكاد يستطيع أن ينتظر.
"سيكون كلامي مختصر وسريع، لأن عائلتي صغيرة. انظروا:
أنا طارق. شاهدوا: هذه نورا، وهي تكون أمي. إذن أنا وأمي
وهذه القطة مينا. عندما كنت صغيرا، أردت أن يكون لي أخاً
صغيراً، ولكن أمي رفضت هذا. إلا أنها سمحت أن يكون عندي
قطة. أليس هذا جميل؟
كما يوجد في بيتنا ليلى أيضا، وهي تعيش معنا. فهذا السكن
يُسمى شقة مشتركة. تتكلم ليلى مع أمي باللغة الفرنسية أحيانا،
حتى لا أفهم ما يتحدثان به. أليس هذا لؤم، أو؟

YLA
MINA
NOURA
TARIQ

Welberich quietscht aufgeregt dazwischen.
„Da, die Rehfamilie, Mama und Kind, ich habe es gewusst!
Esst ihr zu Hause Gras? Und lässt deine Mutter dich allein im Gebüsch liegen?"
Tariq zieht die Stirn in Falten. Er versteht nicht, was Welberich von ihm will.
Im Gebüsch liegen lassen?
„Niemals lässt mich Noura irgendwo liegen! Wenn ich hinfalle,
dann kommt sie und tröstet mich! Das ist doch klar!"
Jetzt mischt Mara sich ein.
„Hört doch mal auf mit dem Rehe- und Ameisenquatsch.
Ihr habt es doch gehört. Menschenfamilien sind total verschieden!"

صرخ فلبريش متحمسا ومقاطعا، "هنا، هذه عائلة الغزلان، أم
وطفلها، لقد عرفت هذا! هل تأكلون العشب في البيت؟ وهل
تدعك أمك وحدك تائهاً في الأدغال؟"
رفع طارق حاجبيه لتظهر على جبينه التجاعيد. فهو لم يفهم ما
يقصده فلبريش من قوله: تدعك في الأدغال؟
"لا، لا تدعني نورا مرميا في أي مكان إطلاقا! وإذا سقطت
على الأرض، تأتي لتساعدني وتواسيني! فهذا شيء طبيعي!"
تدخلت مارا الآن.
"كفى هراء وكلام عن الغزلان والنمل. لقد سمعتما أن العائلات
البشرية لها عدة تركيبات مختلفة!"

„Verschieden, verschieden!“, schimpft Welberich laut.
Was sollen wir denn da in unser Buch schreiben?
Wahrscheinlich habt ihr euch das nur ausgedacht.
Ihr bösartigen Gummifresser! Ihr kleinen Mistkäfer!
Aber ich kenne die Wahrheit!
Menschenfamilien sind wie Rehe, das ist es. Genau so!“
„Unsinn!“, widerspricht Wendibert.
„Es ist wie bei den Ameisen und ich hatte Recht,
du fliegende Rotzmorchel!“
„Gar nicht, du muffliger Furzklumpen!“
„Selber Furzklumpen, du Schlammnase!“
„Nasenpupser!“
„Schleimdrache!“
„Kotzgurke!“
„Dingsbums!“

تذمر فلبريش وصاح بصوت عال "مختلفة مختلفة!". ما الذي ينبغي أن نكتبه في كتابنا؟ ربما تكونوا قد اخترعتوا كل هذا الكلام، أنتم أيها الخبثاء، آكلي المطاط! أنتم أيها الخنافس القذرة! لكني أنا أعرف الحقيقة! العائلات البشرية هم كعائلات الغزلان، وهذا كل شيء، وبالضبط هكذا!"
انزعج فنديبيرت وردّ معارضا: "كلام فارغ!، إن الأمر كما قلت أنا سابقا، هم مثل النمل وأنا الذي معه حق، أيها الفطر الطائر!"
"لا على الإطلاق، أنت أيها الأحمق النتن!"
"أنت الأحمق النتن، أنت أبو أنف من طين!"
"أنف طويل!"
"تنين مخاطي!"
"خيارة فاسدة!"
"هتهوت!"

Die Kinder starren die Elfen an, die sich genauso laut streiten wie am Anfang.
„Wozu haben wir uns überhaupt die Mühe gemacht, euch alles zu erklären?",
ruft Lenny wütend. „Ihr habt uns ja nicht mal zugehört! Ihr sturen Schubladenköpfe!"
Die beiden hören auch jetzt nicht zu, sondern verschwinden schimpfend
hinter den Sträuchern.

Plötzlich fängt Mikolaj an zu lachen.
„Die wollen uns erforschen! Und können nicht mal zuhören!
Und nennen sich Schleimdrache und Kotzgurke und Dingsbums!"
Nach und nach fangen auch die anderen an zu kichern. Sie laufen lachend über den
Rasen, bis sie ganz außer Atem sind. Und dann spielen sie endlich Verstecken.

حدّق الأطفال بالجنيان اللذان يتشاجران بصوت عال، مثلما كانا
عليه في البداية.
صاحت ليني غاضبة: "لماذا أجهدنا أنفسنا كل الوقت لكي نشرح
لكما كل شيء؟ أنكما لم تسمعان ما قلناه أبدا! أنتما أصحاب
الرؤوس العنيدة!"
لم يستمعا الإثنان إلى الكلام، لا بل إختفيا خلف الشجيرات وهما
يتذمران ويشتمان.

وفجأةً أخذ ميكولاي يضحك.
"يريدان أن يستكشفاننا! ولا يستطيعا أن يستمعان لنا! وينعتان
أنفسهما بالتنين المخاطي والخيارة الفاسدة وهتهوت!"
وبالتدريج بدأ كل واحد تلو الآخر بالقهقهة. ومشوا جميعا على
العشب الأخضر ضاحكين حتى تقطعت أنفاسهم من الضحك.
وأخيرا لعبوا لعبة الغميضة.